张思莱
谈育儿那点事儿

专家解惑0～6岁育儿难题

张思莱 著

中国妇女出版社

图书在版编目（CIP）数据

张思莱谈育儿那点事儿：专家解惑0~6岁育儿难题／张思莱著. —北京：中国妇女出版社，2013.9

ISBN 978-7-5127-0770-2

Ⅰ.①张… Ⅱ.①张… Ⅲ.①婴幼儿—哺育—基本知识 Ⅳ.①TS976.31

中国版本图书馆CIP数据核字（2013）第208075号

张思莱谈育儿那点事儿——专家解惑0~6岁育儿难题

作　　者：张思莱　著
选题策划：刘　冬
责任编辑：刘　冬
责任印制：王卫东
出版发行：中国妇女出版社
地　　址：北京东城区史家胡同甲24号　　邮政编码：100010
电　　话：（010）65133160（发行部）　65133161（邮购）
网　　址：www.womenbooks.com.cn
经　　销：各地新华书店
印　　刷：北京联兴华印刷厂
开　　本：170×230　1/16
印　　张：17
字　　数：220千字
版　　次：2013年10月第1版
印　　次：2013年10月第1次
书　　号：ISBN 978-7-5127-0770-2
定　　价：35.00元

中央电视台节目主持人　张泉灵

序一

儿子在北京的持续雾霾中住进了医院，是支原体肺炎。看着他每天打10个小时的点滴，我相当内疚。我认为是我的疏忽导致了这样的结果。

在两周之前，儿子有过一次感冒，我坚信感冒是自愈性疾病，多喝点水也就好了。一周前，他有点咳嗽，我妈让我送他去医院看看。我给我妈看一项专业研究报告，咳嗽也是自愈性疾病，18天就好了。我给儿子煮了点罗汉果水，我妈在看到新闻中北京儿童医院就医的“盛况”后自动放弃了她的意见。再然后，儿子的咳嗽的确不那么频繁了，可却突然开始发烧了。说实话，我依然没有太重视，迫于我妈我爸的严峻表情，我答应第二天一早就带他去医院。

大夫才听了听肺，就招呼实习医生："来，都听一下，典型的肺炎！"我被惊到了！不是说发烧好几天，上呼吸道顶不住了才会患肺炎吗？可这才开始发烧不到16小时啊！医生说："还有不发烧就患肺炎的呢！"

我自以为是的知识结构在瞬间崩塌了。孩子不要过度治疗，不要频繁送医院——这一直是我坚持的。可是不发烧也有可能患肺炎，这在一个娃的时代，谁能承受这样的风险呢？

我把我的困扰发上了微博，数千个评论者中很多都是我这样的焦虑的妈妈。

第二天，专项化验结果出来了，是比较难治又爱复发的支原体肺炎。这加重了我的担忧和内疚。我的各种朋友开始给我打电话，告诉我他们曾经经历的孩子肺炎的种种麻烦，诸如，对药物不敏感啦，打了人体白蛋白才好的啦，后来变成心肌炎啦……总之，如果我不是胆儿大的，就先吓死了。好在，儿子身体好转的速度很快，6天出院了，后面都是在家的口服药疗程。也还好，这一切都发生在寒假里，没有再并发缺课的烦恼。

儿子所有的口服药疗程、复查都结束之后也快开学了。我把儿子的复课证明放进了他的书包，他显示出明显的犹豫。半天，才支支吾吾地说："姥姥姥爷说，不要告诉小朋友我得的是支原体肺炎，不然他们会不理我的……"我的心又痛了一下，不好马上反驳我爸妈的话，只好说我咨询下医生再给他答案。一会儿，我告诉他："医生说，你根本不可能传染给别人，所以你放心，同学们不会歧视你的。"儿子长长舒了口气。我想说谎和可能的被孤立都给了他很大的压力。

这是我在2013年的2月经历的事情。这让我想起很久以前一个教育专家问我的话："你会当妈妈吗？"我更记得，他没等我自己给出答案就说："你从没当过，怎么就会呢？"是啊，我们其实都是生手，等明白的时候没机会再来一次。我们在一个信息爆炸的时代，我们所吸取的知识，无法分辨对错。

所以，当我看到张思莱大夫的新书目录，立刻就有买几本送人的欲望。因为目录里的问题，没有任何一个我能够清楚自信地说——我知道。

张泉灵

中国中央电视台节目主持人

作者及女儿沙莎全家

序二

2013 年，春夏之交。妈妈又完成了一本重要的新书《张思莱谈育儿那点事儿》，就网络上争论激烈的一些育儿问题，提出她的专业观点。

孩子的成长，让我们重新摇摇晃晃走在路上。无论你自己是个多么笃定自信的人，都可能怀疑自己的判断，纠结养育的方法。记得有个好朋友带儿子去医院看病后，心里还是觉得不踏实，让我妈再帮他会诊一下。离开时他打电话给我：“张教授有才啊。”“怎么说？”“她真是淡定。”我乐了，他说得还真挺到位。

妈妈退休前是位经验丰富的儿科主任，无论临床还是科研，专业造诣数一数二。她同时也是国内最早在线咨询的专家之一，长期活跃在微博、网络、电视、杂志等媒体上，分享、传播科学实用的育儿知识，深受广大年轻父母爱戴和尊敬。每天早上，妈妈都是4:30起床，看书，写书，编演讲稿，在微博里答疑解惑。几乎每个周末，妈妈都会在国内各地作讲座，与年轻父母们交流互动。她非常善于结合专业的儿科知识，条理清晰、主次分明地把翔实的经验和有效的方法传授给手忙脚乱的年轻父母们。很多朋友问我，妈妈为何永远如此精力充沛、正能量强大？妈妈在网上、在线下真实地听到千千万万中国家庭的育儿困惑，她在专业领域始终与时俱进，以专业和爱心无私地帮助大家。我想，是爱和执着让妈妈永远保持着一颗精进的心。

还有一点，我也很敬佩。妈妈从来不怕在各路人马纷繁的网络上，在家长常常困惑的育儿问题上，旗帜鲜明地传播自己的专业观点。妈妈反对过度胎教，不赞成小婴儿用颈圈游泳。她以儿科主任的视角，客观地解析静脉注射的利弊，号召大家不要滥用抗生素；换个角度，她以一个外祖母的身份，循循善诱地讲解如何为小朋友建立科学饮食、规律生活，从而提升机体本身的免疫力。我身边的很多朋友、同学都曾经深深得益于妈妈给予的及时、有效的建议。最有意思的是，一位同事讲，她家两代人带小孩的方法发生分歧时，大家都会去查查张教授的书："有书为证，不与公公婆婆吵架。"

当然，你完全可以想象，我也无法成为妈妈眼中的完美母亲。我曾经跟妈妈说我工作太忙，周围其他工作妈妈似乎晚上也无法自己带宝宝，可不可以夜里不带儿子。妈妈白了我一眼："两岁以内是亲子依恋关系建立的关键期，你白天见儿子时间本来就很少了，晚上加周末自己带可以让你勉强达标。你自己选择吧。"我咬咬牙，坚持只要不出差的时候晚上都自己亲自照顾儿子。今天回头看，当初的坚持是值得的。我妈还要求，学校活动家长不可以缺席，要把孩子的教育当成人生事业最重要的一部分。每周六早上7:30，Harry和我都会送铭铭到小学踢足球，无论工作日多累，不可外包他人。偶尔，我们实在排不过来，就要和Harry纠结怎样说服我妈呢，怎样补救呢？家有超级姥姥，在幸福中压力也很大啊。

没有疑惑，不成人生。如果你需要一个专业精深、观点鲜明的专家为你解答一些每个家长都常纠结的育儿问题，你一定会喜欢这本书。让我们一起在爱中精进，做更淡定从容的父母。

沙莎

麦肯锡公司全球董事、合伙人

张思莱医师

自序

我在平时的生活和工作中与年轻的爸爸和妈妈接触最多，对他们的一些想法也了解得比较多，因此深感科学育儿是一项伟大的工程，布满了挑战与辛苦。

现在的父母多是80后的独生子女，在他们还没有完全准备好当父母的时候有了孩子。独生子女既没有看父母如何养育其他孩子的机会，又没有自己带弟弟妹妹的经历，因此缺乏育儿经验；而他们的父母又往往遵循二三十年前的育儿“经验”和旧的习俗来带隔代人，但这些经验又不完全是正确的。现在的年轻人生活在一个知识大爆炸的时代，他们在育儿问题上不但思想前卫，追求时尚，而且肯于学习。他们获得育儿知识的渠道比起老一辈人也多得多，尤其是网络的发展，更是为这些年轻的父母搭建了接受知识的平台和互相交流的场所。年轻的父母们凭借自己通过各种渠道获得的育儿信息，常常与自己的父母在育儿问题上产生矛盾与隔阂，还时常为一些自相矛盾的育儿理念而感到困惑和纠结。

目前，网络上包括一些平面媒体上传播的育儿信息大多数理念还是正确的，但是也确实夹杂着一些所谓的专家宣扬的貌似正确、实则是经不住推敲的育儿理念和育儿知识；还有一些甚至是早已经被不断进步的学术思想更新而淘汰的理论。再加上目前医疗环境和早教市场比较混乱，医患矛盾尖锐，一些所谓的专家被商家操纵所散布出来的某些理论往往混淆着人们的视听而误导着现在的年轻父母。一些人盲目地推崇某些所谓的国外先进理论来养育自己的孩子，走进了育儿的误区。

孩子的成长没有第二次，我们希望孩子拥有一个幸福、快乐、健康的童年，同时也希望父母在养育孩子的过程中不断地学习，及时发现自己的问题并修正自己的错误。育儿的过程就是孩子与父母共同成长的过程。让孩子有一个良好的人生开端，让父母有一个无悔的育儿经历，这就是我写这本书的初衷。

张思莱

2013年1月

养育篇

早教篇

谈不上是隶属于早教的内容。

在早期教育中，家庭教育是极其重要的，是其他任何教育不可替代的。亲子班是早期教育的一部分，是家庭教育的补充。

“游泳”确实可促进小婴儿的生长发育，但家长必须高度关注“游泳”场所和设备的安全性，否则容易埋下交叉感染疾病和意外伤害婴儿生命安全的隐患。

当你决定要生育自己的孩子时，就要做好为孩子负责的心理准备。养育孩子不能照搬别人的经验，而应通过细心观察，总结出一套解决自己孩子问题的办法来。

养育篇

发热及发热恐惧症

对发热的恐惧主要源于对发热缺乏正确的认识。对发热的过度处理影响孩子免疫力的生成。

现在家长对于孩子发热越来越恐惧了，因此孩子只要发热或者发热持续一天或两天，家长就会带孩子反复去医院就诊或者在家私自用药，不但让孩子成了药罐子，同时也埋下耐药的隐患，而且还容易贻误病情。为什么家长会有这种表现呢？这主要源于对发热缺乏正确的认识。

一、人体具有完善的体温调节机制

人与所有的哺乳动物一样，身体都具有完善的体温调节机制。当内外环境发生变化的时候，人体位于下丘脑的体温中枢能接受来自身体周围的冷、热神经感受器的信息，并感受到进入体温中枢血循环的温度，这些信息经过体温中枢处理，通过调节自身的产热或散热过程，使得人体体温保持动态平衡。人体设定的腋下正常体温是36℃～37℃，体温升高超过正常范围就称为发热。在正常情况下，人体通过细胞代谢、肌肉活动、哭闹、寒战，使机体产热增加；通过皮肤血管收缩、有意识地增加衣服，使机体散热减少。同时通过末梢血管扩张、出汗、降低环境温度、增加冷热空气对流等方法散热。

正常人的体温呈现周期性波动，但是昼夜体温波动不应该超过1℃。一天中清晨体温最低，下午和傍晚最高。夏季比冬季体温稍高。体温升高有生理性体温升高和病理性体温升高。对于孩子来讲，剧烈运动、饭后（吃奶后）、哭闹、衣或被过厚、室温过高、小婴儿蛋白质摄入过多、长期摄入高热能的饮食等都可以造成体温升高，达到37.5℃（腋下），这属于生理性体温升高。通常人们所说的发热多是指病理性体温升高。

专家提示

医学上对发热这样分度：以腋表为准，≤38℃为低热；38℃～38.9℃为中度热；39℃～41℃为高热；≥41℃为超高热。

引起身体病理性发热的原因很多：细菌、病毒及其他微生物的感染，接种疫苗后的反应可引起发热；一些皮肤病，甲状腺疾病，先天发育不良，肿瘤，创伤，手术，输液、输血引起的输液反应，药物热，中暑或捂被综合征等，均可以引起非感染性或感染性的发热。

二、发热是人体的一种自我保护

需要明确指出的是，发热是机体正常的生理保护机制，也是机体抗感染的机制之一。发热时各种急性期反应蛋白的合成增加，增强了机体的各种特异和非特异性防御能力。研究显示：发热时机体各种特异和非特异免疫成分均增加，活性增强。如增强白细胞的动力及活性并产生抗菌物质，刺激干扰素，增强其抗病毒和抗肿瘤活性，激活T细胞功能并使其繁殖旺盛等，以上作用于感染微生物、免疫复合物等，使得病原体生长受到抑制，增强自然杀伤细胞的活力。这些均有利于清除病原体，促进疾病好转。同时，因为发热，葡萄糖的利用率降低，有利于抑菌。发热时，血清铁水平降低，不利于细菌生长。科学家经过对动物的研究表明：感染后引起发热的动物要比不引起发热的动物病死率低。

但是，高热尤其是长期发热也会给机体带来一定的危害。由于发热造成能量的过度消耗，组织器官负荷增加，严重时可造成器官功能不全。发热时，氧自由基产生增多，也会造成组织细胞的损害。发热还可增加氧消耗量，使得本来已经缺氧的患者，组织缺氧程度更重。发热时心输出量增加，可使得心脏病或贫血的病人心脏负担更重，甚至引起心力衰竭。同时，高热可以增高颅内压。对于一些难以控制的炎症反应（如内毒性休克），发热可加剧炎症反应。5 岁以下的小儿可引起高热惊厥的危险，体温高于42℃有导致神经系统损害的可能性。

发热具有自限性，儿童发热多由自限性感染引起，是人体的一种适应性反应，往往不需要干预也会很快康复。同时必须注意到，发热也有可能是患危重病症的初期，因此医生早期的鉴别诊断是处理发热的重要环节。尤其对于小婴儿来说更为重要，因为他们往往症状表现得并不明显。

正因为发热可能是严重感染的初期症状，所以家长对发热的有利一面往往并不认识，或者即使了解也会产生怀疑，而更多思考的是发热可能是严重感染的初期症状，他们害怕孩子体温越来越高，孩子受不了（其实人体自有的防御功能不会使得体温上升到危险的高度，除非体温调节功能出现障碍）；也怕孩子烧出个肺炎来（其实引起肺炎的病原体早已经潜伏在体内，发热只是肺炎早期的一个表现）；还怕孩子会烧坏大脑（这种情况一般是不可能的，除非是新生儿体温调节中枢发育不健全或者孩子大脑本身存在问题，使得负反馈调控机制出现问题）。正是由于进入这些认知上的误区，让家长产生不必要的过度忧虑，而产生“发热恐惧症”。孩子发热后反复上医院，导致重复用药和过度处理。

当然，家长产生这些认识上的误区也因为家长并不了解发热的机理，更多地是考虑出现的一些外在表现，这源于我们有关医学科普知识宣传得不到位。而且，由于家长的担忧和恐惧，以及当前医患之间比较激烈的矛盾，也让医护人员产生了“发热恐惧症”，使得医护人员更积极地为儿童进行退热处理，进而导致过度治疗。医护人员向家长进行有关发热严重性的病情交代以及过度治疗促使毫无医疗知识的家长对于孩子发热更加恐惧。其实，一些退热处理主要是为了改善身体的舒适度，有时并不能缩短疾病病程，甚至可能延长疾病的持续时间。对于医生而言，不能以退热为治疗的目的，更不能将发热的病情往严重方面交代以解脱自己的责任，而是需要认真找出引起发热的病因，这才是作为医生的英明之举和负责任的职业表现。

三、过度治疗影响孩子免疫力的形成

其实，孩子发热不一定是坏事。孩子出生后对疾病的抗病能力从两方面获得：一种是从母体中获得一些抗体，因此具有一定的抵抗疾病的先天性免疫力。如果是母乳喂养的孩子，还能够通过母乳获得一部分免疫物质，所以孩子有一定的抗病能力。另一种是通过后天和疾病的抗争产生抗体，我们叫“获得性免疫”。而这种抗体一般是在孩子出生 6 个月以后逐渐产生、增多，具有高度的特异性。当孩子接触了某种病原体时，这种病原体刺激机体的免疫系统产生针对这种病原体的抗体，因此产生抗病的能力。如果孩子接触的病原体少，可能相应的抗体就产生得少，以后孩子如果碰到没有接触过的病原体，因为体内没有相应的抗体，就可能因为这种病原体感染引发疾病。孩子发热大多数是因为病原体入侵而引起的一种机体防御反应。如果我们过度治疗，反而阻止了机体与病原体的抗争过程以及相应抗体的产生，有可能使疾病病期延长，不能有效地使得机体产生免疫力。

近来有美国专家指出，婴儿如果能在1岁前发几次烧，能减少日后患过敏症的风险。在这项新的研究中，研究人员检查了835名儿童从出生到1岁期间的医疗记录，发现1岁前从未发过烧的儿童中，有一半在7岁前发生了过敏反应；而在那些发过一次烧的儿童中，7岁前发生过敏反应的比例是46.7%；在那些发烧两次以上的儿童中，这一比例降到了31%。

专家提示

发热是多种疾病所共有的病理过程，除去病因外，对发热本身的治疗应针对病情，权衡利弊。对一些原因不明的发热，不能急于降低体温，以免掩盖病情、延误诊断和抑制机体的免疫功能。

四、给家长的几点建议

对于孩子发热，既要在战略上藐视它，又要在战术上重视它。因此，建议家长这样做：

• 对一般性发热不要急于解热。让孩子多喝水、休息好，同时适当注意饮食清淡及饮食营养，切忌大鱼大肉或增加过多的蛋白质。任何发热的疾病饮食方面这样处理都是可行的。

• 如果体温不到38.5℃可以采取物理降温，体温超过38.5℃可以口服退热药，体温达到39℃建议及时就诊。对于一些曾经发生过高热惊厥的婴幼儿可以提前（即不用达到38.5℃）使用退热药和镇静药，以预防惊厥发生。

• 家长要仔细观察孩子的病情。如果是病理性发热，必定伴有其他相关症状，家长总能找出一些蛛丝马迹，以便就诊时告知医生，帮助医生找出引起发热的病因来，利于诊断治疗。

• 当孩子就诊用药物后，需要耐心等待药物发挥作用，因为药物在血液中达到一定浓度的时候才能发挥作用。不建议家长反复去医院就诊，重复用药，叠加用药，致使药物在孩子体内蓄积，引发不良反应；或者不等药物发挥作用就停药而换另一种药物。频繁换药反而容易造成疾病迁延不愈，尤其是一些细菌感染的疾病，使细菌产生耐药性。

• 孩子发热时，家长表现出的紧张、焦虑的心情也会影响孩子的情绪，不利于孩子正确地对待疾病，使孩子对去医院就诊产生恐惧心理，抗拒医生的检查治疗，更不利于疾病的痊愈。

• 对高热或持久发热的患儿，应该及时送医院就诊。

综上所述，孩子发热后，退热不是治疗的目的，它只是疾病发生中的一个症状。只有找出发热的病因，进行针对性的治疗，发热问题才能迎刃而解。过早地退热往往会掩盖病情，贻误治疗，因为有些疾病需要医生观察发热的热型。不同的疾病产生的热型是不同的，尤其是对于疑难病症，更不能私自用药，避免产生严重的不良后果。所以，家长尽量避免产生“发热恐惧症”，更好地配合医生进行诊断和治疗才是上策。

后记：张泉灵在为这本书做的序中谈到她为儿子患支原体肺炎之事感到内疚和自责，认为是她没有及时就诊耽误了孩子的治疗。我认为她完全不必内疚，更不必自责。支原体肺炎是一种因支原体感染而引起的肺炎，是学龄儿童和青少年常见的一种肺炎，婴幼儿也有发病。孩子早期发热并不是因为治疗不及时转为肺炎的，正如我在上文中说的，发病初期就是肺炎，发热只是肺炎早期的一种表现。但是支原体肺炎早期症状和体征并不典型，即使发病初期到医院诊治，医生通过听诊、血生化检查、X光片也不会早期发现，因此支原体肺炎又叫“原发性非典型肺炎”（此非典型肺炎不是非典时期SARS病毒引起的肺炎）。支原体肺炎一般发病不急，发热可能是首先表现的症状，2～3天以后才会咳嗽并逐渐加重，但是肺部的物理体征并不明显，早期的肺部X光片也没有明显表现。所以，支原体肺炎只有等到肺部出现阳性体征，结合血生化检查才能作出诊断。支原体肺炎血常规检查往往是正常或者稍高；血生化检查：补体结合试验，血凝抑制试验2周后升高，冷凝集试验1周后开始升高才具有诊断意义。所以泉灵并没有耽误孩子的病情，而她所做的处理也是完全正确的。即使她在孩子刚发热时带孩子就诊，医生也无法立即作出正确的诊断来，这源于支原体肺炎体征和X光片出现阴影都比较晚。

支原体肺炎预后良好，但是肺部阴影的消失比体征消失得慢。极个别的患儿有可能复发，并不是所有的孩子都有可能复发。此病只要加强护理，患儿休息好、多喝水、对症用药即可。支原体肺炎针对病因治疗用药简单，主要使用大环内酯类抗生素治疗，其实不用输液，口服药物一样可以达到治疗的目的，很少出现并发症。支原体肺炎不具有传染性，所以泉灵和孩子不用担忧。

泉灵在孩子生病过程中之所以遇到那么多的干扰和困惑，正如她所说的：“我们在一个信息爆炸的时代，我们所吸取的知识，无法分辨对错。”正因为这样，学会在海量的信息中寻找科学的育儿方法才是正道。

物理降温操作中的对与错

退热措施必须符合发热的病理、生理机制。酒精擦浴不可取。

现在的家长对孩子发热产生的忧虑和恐惧心情达到了前所未有的地步，尤其是害怕孩子由于发热而烧出其他病患，所以对于退热处理都非常积极，似乎烧退了疾病就会随之而去。在这种急切的心情影响下，对医生的诊疗技术优与劣也是以能否很快退热为判断标准。一些医生受其影响，对于发热的处理也越发积极起来，所采用的退热手段五花八门，而忽略了寻找引起发热的病因。这种本末倒置的处理往往会严重贻误病情，甚至伤害孩子。

首先必须要明确，发热不是独立的疾病，而是多种疾病所共有的病理过程和临床表现，体温的变化往往与体内的疾病过程密切相关。不同的疾病可有不同的热型，据此有助于疾病的鉴别诊断。一定程度的发热有利于机体抵抗感染、清除对机体有害的致病因素，但体温升高过多、持续时间较长时则会引起机体一系列功能和代谢的改变。治疗时应针对发热的原因和病情权衡利弊，必要时可在治疗原发病的同时，针对发热发病学的基本环节，采取适当的解热措施。所采取的退热措施，必须要符合发热的病理、生理机制。

一、发热在临床表现上的 3 个时相

发热在临床上通常会经历体温上升期、高温持续期和体温下降期 3 个时相。

1. 体温上升期

原来的正常体温变成了冷刺激，体温调节中枢对冷刺激的信息产生反应，发出命令，经过交感神经到达散热中枢，引起皮肤血管收缩和血流减少而出现皮肤苍白，导致皮肤温度降低，散热随之减少。同时命令到达产热器官，促使物质代谢增强，产热随之增加，产生寒战。另外，立毛肌收缩，皮肤可出现鸡皮疙瘩。这一时期的热代谢特点是产热增加，散热减少，产热大于散热（散热减少），体温开始上升。因此在临床上表现为畏寒、皮肤苍白，重者出现寒战并出现鸡皮疙瘩。

2. 高温持续期

当体温升高到新水平时便不再继续上升，在这个高水平上波动，进入高温持续期。此时产热与散热达到新的平衡。这时寒战停止，并开始出现散热反应，病人皮肤血管由收缩转为舒张，血流增多而皮肤发红，病人不再感到寒冷，反而由于皮肤温度高于正常而有酷热的感觉，皮肤的鸡皮疙瘩也消失了。由于散热增多，临床上表现为自觉酷热，皮肤颜色发红；由于蒸发水分较多，皮肤、口唇比较干燥。

3. 体温下降期

经历了高温持续期后，由于激活物、EP 及发热介质的消除，体温中枢发出降温指令，散热明显增加，产热减少，散热大于产热，体温回到正常水平。所以临床上表现为体温下降，皮肤潮湿、出汗或者大量出汗，严重者由于体液损失过多，引起脱水，甚至发生低血容量性休克。

专家提示

如果发热不过高，又不伴有严重疾病者，可以不急于退热。仔细观察孩子体温曲线的变化，特别是一些潜在病灶的病例，如过早给予退热往往会掩盖病情。

二、物理降温的正确方法

一般家长在体温上升期间是不会采取退热处理的，反而会采取多穿衣服、多盖被子的方法进行保暖。然而当体温进入高温持续期时就不应该再给孩子多加衣服和多盖被子了。如果过多捂着孩子，只能阻止散热，更加重出汗，会造成水、电解质代谢紊乱，引起脱水，严重者可以引起抽搐。

采用物理方法降温多是在高热持续期，正确的方法是帮助机体散热，可以采取温水擦浴、洗温水澡、多喝水等方法帮助散热，维持水、电解质的平衡，通过尿液排泄体内有害物质和代谢后的废物。可以让宝宝头枕凉水袋以保护大脑，但是不建议枕冰袋，或用过凉的冷水擦浴。因为虽然枕冰袋和用过凉的冷水擦浴可以起到迅速退热的作用，但是婴幼儿发热时，尤其是小婴儿，皮肤血管扩张，体温与过凉的冷水之间温差较大，会引起血管强烈收缩，引发婴幼儿畏寒、浑身发抖等不适症状，甚至加重婴幼儿的缺氧，出现低氧血症。

专家提示

温水擦浴主要擦拭大血管行走的部位，如腋下、颈部、腹股沟等部位，这有助于通过血液循环达到降温的目的。

在医生和一些家长实施的退热措施中，常常采取的一种物理降温就是用30%左右的酒精擦浴。酒精擦浴这种方法好不好？需要我们进一步来探讨。

我认为，酒精擦浴不可取。因为小儿的体表面积相对较大，皮肤薄嫩，皮肤通透性较强，角质层发育不完善，皮下血管相当丰富，血液循环较为旺盛，发热处于高温持续状态时全身毛细血管处于扩张状态，毛孔张开，对涂在皮肤表面的酒精有较高的吸收和透过能力，因此酒精经皮肤更容易被吸收。如果酒精擦浴后擦拭时间较长，擦拭面积又大，致使酒精经皮肤大量吸收入血，对于肝脏功能发育不健全的婴幼儿来说，容易产生酒精中毒。如果酒精浓度过高就会造成脑及脑膜充血、水肿，引起精神兴奋，出现烦躁不安、恶心呕吐、呼吸困难等酒精中毒症状，严重者致使孩子因呼吸麻痹、重度缺氧而死亡。另外，酒精挥发得快，使体表迅速降温，孩子可能全身颤抖而引起体温的再次升高。酒精擦浴和用过凉的冷水擦浴的寒冷刺激一样，都可以引起外周血管收缩，毛细血管压力增加，使肺循环阻力增大，加重了低氧血症。有些孩子可能会对酒精过敏，而引起全身不良反应，如皮疹、红斑、瘙痒等。个别孩子因酒精擦浴兴奋迷走神经，可引起反射性心率减慢，甚至引起心室纤颤及传导阻滞而导致心跳骤停。

专家提示

世界卫生组织研究证明，在发热时（38℃～41℃）用酒精擦浴降温是不科学的。这样做违反了生理的发热调节机制，不仅无效，而且可能使患儿发生颤抖，加重肺炎和其他疾病。所以，世界卫生组织在20世纪90年代就已不主张用酒精擦浴进行退热处理了。

宝宝发热该看中医还是西医

中医、西医各有所长，不能互相排斥，而应取长补短。盲目捂汗和过度输液均不可取。

我曾经看到新浪亲子中心转载的一篇文章《小儿发热该看西医还是中医》，文章中谈到西医和中医对小儿发热治疗的一些观点和处理方法，我想就此谈谈我的一些看法。

我虽然是西医大夫，但是我脱产系统学习了中医，并且在北京中医医院实习了比较长的时间。以后在临床工作中，尤其是对一些疑难的患儿，我往往是采用中西医结合的方法治疗患儿，取得了不错的治疗效果。但是此篇文章中有关中医论述的部分，我认为是不符合中医理论的，有的地方甚至是偏解中医理论，误导了家长。因此我“好管闲事”，来谈谈我的看法。

一、发热并不只是由风寒引起

文章中说“中医所说的发热，大多数是因为受风寒引起的”，非也！引起小儿发热的原因是很多的，大致归为外感与内伤两大类。外感包括中医讲的“六淫”，即风、寒、热（暑）、湿、燥、火，疫疠（即传染病）；内伤包括七情（即喜、怒、忧、思、悲、恐、惊）、饮食、劳逸。绝非只是受风寒引起的发热。鉴于这位中医医生对小儿发热病因的错误认识，所以对西医的一些治疗看法也是不正确的。

二、捂汗不是中医退热的唯一方法

这位中医不赞成西医的输液和冷敷的疗法，认为“把凉的液体注入体内，以达到降温的作用，这是一种与身体对着干的行为。身体要发热，以阻止‘敌人’（寒气）入侵，这时注入冰冷的液体来降温，反而大大加强了‘敌人’的势力。因为当人体张开毛孔要把寒气排出体外的时候，如果采用冷敷，反而会将寒气从张开的毛孔‘请’进来，从而加大‘寒气’的势力，这和中医治疗发烧时扶阳的原理是相悖的”。他认为“与西医相反，热敷、穿厚衣服、盖厚被子……‘捂汗’却是中医治疗时的方法，名为‘汗法’，这是为了帮助人体的阳气战胜体内的寒气，就是中医所说的‘扶阳’”。

按照中医理论，小儿是“稚阴稚阳”和“纯阳”之体，这里中医讲的“阳”主要是指促进孩子生长的功能，“阴”是指人体生长的物质基础。这包括两层意思：一方面说明小儿正处于幼稚状态，各方面发育还不健全；另一方面说明小儿阳气偏盛，正处于蒸蒸日上的时期。正因为小儿还处于幼稚阶段，所以卫外的功能比较薄弱，容易受外邪所侵。小儿常外易受六邪所侵，内易被饮食所伤。小儿疾病的特点是：发病急，变化快，而且阳证、热证、实证居多，热、急又容易生风（抽风），所以小儿惊风也是比较多见的。

所以，中医对于小儿退热也是通过辨证施治，采取汗法、泻下法、清法、温法等方法治疗，而不是一味地捂汗，捂汗只适用于风寒郁表的

时候，例如患儿表现为发热恶寒（怕冷或冷得打哆嗦，喜多盖被子）、头痛、身痛、无汗或有汗，这种情况可以通过发汗使表邪得以驱除。但是小儿寒邪极易化热入里（这是小儿的特点），使用汗法就会促使热入心包、肝风内动而引起抽风。对于这种情况，捂汗就好比火上浇油。所以，中医的汗法使用也是区别于不同情况的。发汗应以汗出邪去为度，不宜过汗，以防消耗津液。使用汗法还必须注意季节与气候变化，不同地区、环境特点以及体质强弱不同。我想，如果一个孩子因扁桃体发炎引起高热或者暑天感冒发热，如果捂汗的话，这个孩子非抽风不可。我们在临床上见到由于家长缺乏医疗知识而盲从一些捂汗的观念，引起孩子高热惊厥的并不少见。所以，中医也有小儿快速退热的药物，如小儿牛黄散、牛黄清热散、紫雪散（这是中药三宝之一）、绿雪散等都能做到药到热退的效果。

三、正确认识输液的利与弊

从西医的观点来看，因为小儿神经系统和体温调节中枢发育不成熟，如果高热就容易抽风。这在我们临床上，尤其是 3 岁以下的孩子发生高热惊厥是比较多见的，这与中医的理论是一致的，并不矛盾。再说，我国中医形成自己的一套理论系统时，恐怕输液疗法还没有发明呢。输液疗法是随着近代医学的不断发展而发明的一种治疗手段，静脉输液的优点就是药物能够 100% 地直接进入到血液中，药物吸收快、见效快。静脉输液主要用于治疗和抢救危重病人，其中包括大出血、中毒、休克等需要即刻开通静脉通道，快速扩大血容量，根据病情需要不断通过静脉快速给药，以达到纠正休克或者快速解毒的目的；因消化道疾患不能进食而造成水、电解质紊乱的患者；患有严重感染，需要通过静脉给抗感染的药物，以尽快达到有效的药物浓度，控制感染；还可用于输入一些容易被胃肠道破坏或不被胃肠道吸收的药物，或者通过消化道不能达到治疗所需要的药物浓度等。

专家提示

客观地说，静脉输液也是一把双刃剑，使用正确可以达到药到病除的目的；使用错误就会产生一些不良的副作用，严重的还危及患者的生命，尤其对于发育不成熟的婴幼儿，更具有不可低估的远期伤害。输液确实可以退热，但是不能为了退热就滥用输液治疗。

对于小儿发热该看西医还是该看中医，我认为不能绝对化。因为小儿发热只是某种疾病的一个症状，但是发热造成孩子机体不适，而且高热容易引起婴幼儿惊厥，惊厥对于孩子来说毕竟伤害很大。因此，退热治疗不但可以解除发热带来的身体不适感，也是阻止惊厥发生的一种医疗手段。西药确实能够做到很快退热（其实中药也可以做到很快退热，只是目前一些中药由于利润和市场需求造成中药厂不生产了或者市面上难以见到，例如我上面谈到的一些中成药），但是退热药只治标不治本，所以必须要控制引发疾病的原因。对于细菌感染性疾病，西医使用抗生素治疗会收到良好的效果，但是对于病毒感染往往不能很好地控制；中医通过辨证施治，采用中药治疗，却能起到药到病除的效果，而且中医对一些疑难杂症确实有神奇的功效。对于这一点，我在临床应用过程中有着深切的体会。我从来认为，中西医各有专长，不能互相排斥，应该取长补短。对待小儿退热的治疗也是这样，只要儿科医生真正掌握了中医、西医理论，并运用到实际临床上，就能收到良好的效果，造福于我们的孩子。

静脉输液治疗的是与非

过度进行静脉输液治疗不仅会对孩子的身体造成巨大的、长远的伤害，还会给孩子带来心理的创伤。

现在的孩子去医院看病，尤其是看急诊，要说不进行输液治疗的恐怕还真是不多。家长似乎也认可这种治疗手段，好像只给孩子吃药就不能彻底治好病似的。这种错误的认识，再加上通过输液的方式滥用抗生素的现象，给孩子的身心造成了巨大的、长远的伤害。

我记得在医学院上学的时候，老师和带教的医生都一再嘱咐我们："医生治疗的原则是能不吃药的就不吃药，能吃药的就不打针，能打针的就不输液。"而且对我们开出的处方，尤其是输液的处方和使用抗生素的方子，审查得更为慎重。至今老师的教诲仍然是我做医生的准则，尤其是我工作后又脱产学习了两年的中医，更使我为患儿治疗的方法又多了一种。

一、静脉输液可能出现的问题

静脉输液是医生经常使用的一种治疗手段，静脉输液的优点前文已讲，不再赘述，这里我主要想讲讲静脉输液可能带来的问题。

1. 静脉输液需要高质量的内外环境条件

进行静脉输液首先需要一个清洁的环境，因为污染的环境很容易造成细菌、病毒等有害物质通过静脉输液的通道毫无障碍地直接进入到身体的血液循环中而发生意外。而现在很多医院的输液室却是一个人员众多、各种疾病交叉感染的场所，即使医院将输液室进行消毒处理，随着不同病种、病人的进入，通过病人呼吸道排出的飞沫、排泄物、物品、医护人员的触摸等，还是会将输液室污染。

其次，使用的注射器、输液器具是否是合格的产品，护士给患者进行消毒是否完全彻底，护士在配液过程中是否遵照要求无菌操作，医生所开的药物配伍是不是有禁忌，护士是不是做到了“三查七对”，输液速度是不是按照病人的病情进行合理的控制，等等，每一个环节出现问题都会对患者造成不可挽回的伤害，甚至付出生命的代价。

2. 有可能发生的输液反应

即使输液的前期准备工作做得很好，但是在输液过程中也可能会发生各种类型的输液反应。

（1）过敏反应

静脉输液输入了引起过敏的药物，或者药物在生产过程中产生的杂质或者混入的某些致敏成分、一些血液制品等都可以引起患者过敏反应。过敏反应瞬间就可以发生，严重者可以引起过敏性休克，甚至危及生命。

（2）热原反应

临床上在进行静脉滴注大量输液时，由于药液中含有热原，病人可在半小时至一小时内出现冷战、高热、出汗、昏晕、呕吐等症状，高热时体温可达40℃，严重者甚至可休克。

热原主要是指某些被破坏的菌体及其代谢产物，其中革兰氏阴性杆菌内毒素具有较强致热作用。此外，各种不溶性异物颗粒，即非代谢性颗

粒，如脱落的橡皮屑、玻璃屑、纤维屑、滑石粉、药物结晶、空气中的灰尘等均可成为热原，如输液中所加药物本身已污染热原，加药时操作室的洁净度差，消毒及操作不严密，加药后放置时间长（尤其是南方常年室温过高与湿度较大的地区），使用的注射器和输液器被污染等，均可引起热原反应。

（3）急性肺水肿

如果短时间内输液速度过快或者输液量过大，可加重血液循环的负担，均可导致急性肺水肿，甚至发生急性左心衰竭。

（4）不溶性微粒的污染

微粒是指各种输液中 50 微米以下的不溶性微小颗粒。静脉输液过程中，输液器的质量、进气方式、空气环境、配药环境、配药用具和加入输液中的针剂等环节都有可能被污染，而且这些不溶性微粒还可以累加污染。这些污染对人体的潜在伤害可能是长期的。

纤维、粉尘、橡胶塞屑、氧化锌、碳酸钙、药物结晶、薄膜屑等都是不溶性微粒，人的肉眼看不见，在输液的过程中也不可避免地会通过输液进入人体，有可能造成局部循环障碍，引起血管栓塞，造成局部堵塞和供血不足，因组织缺氧而产生水肿和静脉炎；或者在肾脏和胆囊中作为核心逐渐被包裹，形成结石。在一次静脉注射疗程中可进入直径 >1 微米的粒子 10 万 ~20 万颗。由于婴幼儿的血管比正常人要细，加上自身免疫功能比正常人低，微粒对婴幼儿的危害要比一般病人更严重，临床反应也比一般病人明显。

（5）肺栓塞

因为输液输进大量空气而引起。

（6）脑水肿

如果输液配伍不当，大量的低渗液体进入体内，可以引起脑水肿和身体其他组织水肿。

3. 不当操作及药物滥用可能导致的问题

由于输液过程中的不当操作和药物滥用等还会造成以下情况：

●输液过程中，由于输液器皿不合格或者操作者操作不当造成输液器、注射器、注射针头污染致使感染乙肝、丙肝、艾滋病等传染病。

●输液手段的广泛使用也造成了抗生素的滥用以及耐药性产生。例如对于发热的感冒病人，医生往往使用静脉给予抗生素治疗。岂不知80%～90%的感冒病人都是病毒感染，使用抗生素治疗根本不起作用，反而容易引起耐药性。

●要想药物在体内达到和维持有效浓度，一般需要将一天的药物分几次均匀给药才行，但是在门诊输液室输液的病人往往做不到这一点。因此，一天只给一次药往往不能达到有效的治疗目的。

如果输液中所配伍的药物刺激性较强，还可以破坏血管，造成局部疼痛，导致静脉炎或者血管闭塞。药物如果渗出，还可以引起局部组织肿胀或坏死。

二、过度进行静脉输液治疗的原因

为什么现在不少医生热衷于给孩子治病采用输液的手段，一些家长也认可这种手段，我个人认为有社会原因，也有个人原因。

目前，我国医患矛盾日益突出，尤其是“医闹”现象愈演愈烈。而这种现象经过一些不负责任的媒体报道后，不但再次揭开了患者家庭正要愈合的伤疤，而且对“医闹”现象还起到了推波助澜的作用，使得医患矛盾更加激化。同时“医闹”也扰乱了医院正常工作秩序，使得就诊的患者不能很好地看病，而且当事医生的生命安全也不能得到保障。虽然“医闹”

是极少数现象，但是影响却是广泛而不可低估的。这种现象造成一些医生谨小慎微、步步为营，用夸大病情的严重性和扩大治疗手段来保护自己，完全看不到绝大多数的患者还是一个弱势群体，甚至对于还有一丝抢救希望的患者也不敢去冒风险做最后的努力，唯恐沾惹上是非，完全不是站在患者的立场去考虑问题，玷污了“白衣天使”的称号。这种风气也促使很多学生不愿意报考医学院，医学院毕业后不愿意从事医疗工作，即使在医院工作的人专业思想也不巩固，随时可能跳槽去从事别的工作。

由于我国改革开放以来将医院推向市场，财政部门对医院的拨款很少，医院必须通过自己创收才能保证医护人员的工资收入以及医疗器材和设施的更新，一些医院将某些治疗手段作为医院创收的指标，将一些诊疗手段与医生的奖金挂钩；一些药厂为了推销自己的药物，暗地里返给医生回扣，少数医生职业道德水准太低，为了自己的私利开大方、开贵药，一个小小的感冒可以开出几百块钱的处方，所以滥用抗生素和滥用输液这一治疗手段也就不足为奇了。

现在的孩子都是独生子女，在家里是含在嘴里怕化了、托在手里怕掉了的娇宝贝，哪怕孩子仅仅是稍许咳嗽或者略有发热，在家长看来都是十分严重的疾病。如果再碰上连续发热，家长就更是坐不住了，频繁地去医院，不停地换药，甚至要求医生给予输液治疗。如果医生不同意输液，家长还一直恳求。当医生给开出几天的输液，再使用上高级抗生素，家长才觉得放下心来。因此，综合医院的儿科或儿童医院虽然不断扩大输液室床位，但是仍不能满足日益发展的“治疗的需求”。岂不知这样的做法其实是害了孩子，尤其是经常进行输液治疗的患儿，心理的创伤不可低估。这样的孩子往往会产生自卑感、恐惧感，总认为自己身体情况不如别人，因此做事会畏缩不前，不愿意与人交往，性格孤癖。

根据病情选择合适的治疗手段永远是摆在每个医务工作者面前一项最

基本的要求，作为医生，应该努力提高自己的业务水平以及医德水准；作为家长，也应该多学习一些医疗常识来保护孩子的健康。

我还是坚持“能不吃药就不吃药，能吃药的就不打针，能打针的就不输液”的治疗原则。

如何提高免疫力——谈婴幼儿免疫力种种

免疫力是在机体与各种致病因子不断斗争的过程中形成并逐渐加强的，婴幼儿阶段容易生病是很正常的，没必要过于紧张。

不少学龄前孩子的家长经常问我："我的孩子体质很差，气候稍微有些变化就要生病，几乎每个月都要病一场。可以给我的孩子吃点什么药物来增加他的抵抗力吗?"也有的家长问我："您有什么好的办法让我的孩子免疫力可以增强?"每次遇到妈妈们提出这些问题，我都要详细解释一番。

一、免疫系统的组成

免疫系统是由免疫器官、免疫活细胞和免疫分子组成的，其中包括：中枢免疫器官胸腺、骨髓；周围免疫器官，如脾脏、全身淋巴结、淋巴小结、弥散的淋巴组织；免疫细胞包括造血干细胞、单核吞噬细胞系统、淋巴细胞系、粒细胞系、红细胞、肥大细胞以及血小板等，还包括一些免疫分子，它们共同担负起捍卫人体健康的责任。骨髓和胸腺负责不断生产和分化免疫细胞，脾脏、淋巴结、淋巴小结及弥散的淋巴组织负责支撑大量稠密的免疫细胞。脾脏中含有的大量巨噬细胞，不但可以直接吞噬外来异物，还可以直接加工、传递信息给淋巴细胞，使之产生抗体。一旦抗体生成，其他免疫组织很容易把具有抗体包裹的抗原杀灭。像呼吸道、肠道黏膜、口腔、阴道、乳腺包括皮肤都有相关的淋巴组织。大家熟知的扁桃腺就是其中的一员，它忠实地守护着进入人体的第一道大门。每个免疫组织、免疫细胞和免疫分子平时都各负其职，一旦有被机体认为的异常物质进入人体，各个免疫组织就会立即作出反应。同时，免疫系统还担负着清除自身产生的畸变、不健全或退化细胞的任务。

免疫力就是指机体抵御疾病的能力。免疫力的强弱反映了机体内免疫系统的强弱。人体的免疫系统是机体保护自身的防御性组织。

二、免疫系统的三大功能

人们一般认为医学上谈的免疫就是大家俗称的“抵抗力”，其实不然，免疫应该包括防御、自身稳定、免疫监视三大功能。

- 防御就是指防御病原体及其有毒产物对机体的侵袭，免患感染性疾病。

- 自身稳定就是机体组织、细胞在不停的新陈代谢过程中，用新生的细胞代替衰老和受损伤的细胞，并及时把衰老和死亡的细胞识别出来，并把它从体内清除出去，从而保持人体器官、组织的稳定和安全。

- 免疫监视功能就是具有监视、识别并及时清除体内突变细胞，防止肿瘤发生。

因此，体内的免疫系统应首先具备高度的辨别力，能精确识别自己和非己物质，以维持机体的相对稳定性；同时还能接受、传递、扩大、储存和记忆有关免疫的信息，针对免疫信息发生相适应的应答并不断调整其应答性。

免疫系统功能失调会引发很多疾病：免疫功能低下会造成抵御疾病的

能力下降，机体处于无保护状态，没有能力监视和辨认健康或致病因子，人体就要生病了，例如感染性疾病、肿瘤形成。如果免疫系统反应过度，错误地将正常有用的物质当成异物反应，人体就会发生过敏反应，甚至严重到休克、死亡；如果免疫系统对自身的细胞作出反应，就会引发自身免疫疾病，诸如风湿性关节炎、风湿性心脏病等。

专家提示

小儿的免疫系统生理状态与成人显著不同，他们的免疫系统发育不成熟，而且不同年龄段免疫水平也不同，从而导致不同年龄段的孩子发生的疾病也有所差别。随着孩子的生长发育，到12岁时全身的免疫系统发育到最高水平。

目前，一些专家认为：孩子出生时免疫器官和免疫细胞均以相当完善，但是为什么出现越小的孩子表现出的免疫能力越低呢？主要是免疫系统没有经验，因为没有机会接触抗原，所以不能建立免疫记忆的应答。免疫力是在机体与各种致病因子的不断斗争过程中形成并逐渐加强的。所以家长须清醒地认识到：婴幼儿阶段的孩子容易生病是很正常的事，没必要过于紧张。机体只有在不断与疾病抗争的过程中，免疫系统得到了锻炼（获得经验），才能真正发育成熟，机体的免疫力就会增强。只要人的免疫系统正常运作，人就不会生病，即使有了小病也会很快康复的。

三、如何提高孩子的免疫力

自身免疫力的提高既受先天因素的影响，更受后天营养、体格锻炼和预防接种的影响。

●孩子出生后坚持母乳喂养，这是孩子人生的第一次免疫。母乳中含有孩子生长初期所需要的免疫活性物质，可以增强孩子的免疫力，这是任何食品包括婴幼儿配方奶都无法比拟的。所以，世界卫生组织建议母乳喂养可以到2岁。

●按时添加辅食，膳食搭配均衡合理，做到食物多样化，引导孩子不挑食、不偏食，保证孩子对营养的需求。因为足够的营养是人体免疫系统发育的必需物质基础。

●平时注意居室通风换气，注意孩子与大人的个人卫生，做到饭前、便后、外出回家后要洗手，少带孩子去公共场合，尽量减少接触病原体的机会。

●保证孩子生活规律，正确进行“三浴”（温水浴、空气浴、日光浴）训练，积极参与各项体育活动进行体格锻炼。

只有这样才能不断增强自身体质，提高内在免疫能力。这种免疫能力在医学上又称为“非特异性免疫能力”；按计划进行预防接种，刺激机体产生抵御相应传染病的能力，医学上称为“特异性免疫能力”（或者称“获得性免疫”）。人体同时具备了非特异性免疫能力和特异性免疫力，才能真正做到少生病或不生病，保护人体的健康。

一些家长希望通过使用一些免疫增强剂，如转移因子、核酪、胸腺肽、干扰素以及丙种球蛋白等来增强孩子的免疫力。这些免疫增强剂多是从动物组织、细菌培养物、人体血浆血清中提取和纯化获得的生物制品，主要用于免疫缺陷性疾病、恶性肿瘤的免疫治疗，以及难治的一些细菌、病毒以及真菌感染的严重感染性疾病。其作用时间短，需要反复用药，对于具有正常免疫功能的人来说作用并不明显，而且会引起一些药物不良反应，尤其是对过敏体质的人来说极易引起过敏反应。对于正常的婴幼儿来说，应用任何免疫药物都会扰乱孩子正常免疫功能的发育，非但不能防病，反而会抑制免疫功能或者引发新的免疫紊乱性疾病。也就是说，正常的婴幼儿应用免疫增强剂只有害处，并无益处。

四、家长一些认识上的误区

1. 给孩子注射丙种球蛋白，可以让孩子少感冒

有些家长错误地认为，给身体虚弱、容易感冒的孩子注射丙种球蛋白可以增强孩子的体质，预防感冒。其实，丙种球蛋白是从人的胎盘血液和健康人血液中提取的，属于被动免疫制剂，主要用于近期与传染病密切接触，又没有获得相应主动免疫力的人，注入人体后可以马上获得免疫力。注射丙种球蛋白只能作为一种临时应急的措施，这类制剂注射到人体中很快就被排泄掉，预防时间短，大约3周。丙种球蛋白具有一定的抵御疾病的能力，但其中所含的抗体，并不是针对某一种特定细菌或病毒的特异性抗病物质，因此不是万能的预防药。况且，引起感冒的病毒种类多，又经常发生变异，所以使用丙种球蛋白并不能有效地减少感冒发生。而且，对人体来说，外来的丙种球蛋白毕竟是异物，个别人注射后可能会引起过敏反应。

专家提示

幼儿体内的各个系统发育得还不成熟，免疫系统更是如此：从母体中得到的免疫力正在消失，而后天获得的免疫力又很少，所以这个阶段的孩子容易患病。要想增强孩子的体质，希望孩子少生病，除了按我国计划免疫要求接种各种疫苗外，更主要的是均衡营养，养成良好的生活习惯，加强身体锻炼，随着孩子的成长，对疾病的抵抗力会逐步增强。

目前一些血液制品也存在着不安全的因素，因此建议家长不要给孩子用这类制剂。

2. 补充氨基酸、蛋白粉可提高儿童免疫力

氨基酸胶囊、蛋白粉是目前市面上宣传较多的保健品，很多广告宣称这些产品能显著提高人体免疫力。我在咨询中获悉，一些家长也把蛋白粉放进粥里或者放在配方奶里给孩子喂食。对于健康人群，氨基酸并不能起到预防疾病的作用，不提倡额外补充氨基酸。更何况人体需要的氨基酸是多种的，其中人体必需的氨基酸就有9种，氨基酸胶囊并不能满足孩子发育的需要。其实，氨基酸就存在于食物中，摄入的蛋白质在消化道中被分解成氨基酸圾才能被身体吸收。蛋白质摄入过多，其代谢产物加重了肝肾的负荷，而此阶段小儿的肝肾发育还不成熟，不但是一种浪费，对人体健康也是有危害的。

3. 合生元、牛初乳可以提高儿童免疫力

合生元是益生菌和益生元的复合制剂，但不是简单的1+1=2，其功能应该是1+1>2。正常人体的肠道寄居着几百种细菌，细菌量可以达到数十万亿个，它们互相制约，在肠道形成微生态平衡以保护人体。一旦失去平衡，人就要生病了。益生菌是其中一类对人体有益的细菌，如双歧杆菌、乳酸杆菌等，它们定殖在肠道，制约或者灭活致病菌，以达到保护人体的目的。而益生元是与益生菌结构和性质不同的一类物质，它们不被或很少被宿主酶系和其他细菌酶系所分解，是可以对人体产生有益影响，从而改善人体健康的不可被消化的食物成分，例如母乳中的低聚糖，它可以促进小儿肠道双歧杆菌和乳酸菌生长。

专家提示

纯正的合生元的确是好东西，但物以稀为贵，真正意义上的合生元可以说目前市面上极少。所以，大家不要盲目轻信市面上的一些保健品。

牛初乳素是从牛生产7天后的初乳中提炼出来的，也有的类似产品叫“乳珍”，是目前市场上炒作得很厉害的一种产品。牛初乳素中含有小牛犊发育所需要的各种营养素及免疫物质，对于牛来说是一种不错的营养品和免疫食品。婴幼儿在生长发育过程中，可以吸取自然界中的各种营养，包括牛初乳素。但是孩子服用牛初乳素是否可以提高机体的免疫力呢？这是一个值得商榷的问题。婴幼儿在生长发育过程中需要从两个方面来提高对疾病的抵抗能力：一方面是提高发展自身的免疫机制，即自动免疫；另一方面是通过接种疫苗来提高机体免疫力，我们叫被动免疫。牛初乳素虽然含有很多抵抗疾病的免疫物质，但它只是针对同一个物种来说是有意义的。人和牛不同属一个物种，各自面临的疾病是不一样的，面临的致病的微生物是不一样的，也就是说牛患的疾病，人不一定患，除非是人和牛共患的疾病。另外，一些外来的免疫物质，通过生产加工失去了原来的生存环境是否还会有活性？目前科学家们只是研究了牛初乳素中含有多少免疫物质，这些免疫物质究竟是提高人的主动免疫能力还是提高被动免疫能力？具体应用到婴幼儿身上究竟有多大的作用？有没有弊病？免疫的应答如何？还没有一个准确的结论。因此服用牛初乳素是否能提高人体自身的免疫力还不能下结论。更何况哪有那么多的牛初乳呢！

专家提示

要提高孩子的免疫力，除了按规定完成国家计划免疫接种外，就是要保证孩子发育所必需的营养素，还要进行科学的、合理的体格锻炼，让孩子在生长过程中刺激自己的免疫系统，自行获得免疫力。

如何正确认识预防接种

人必须同时具备两种免疫能力——非特异性免疫能力和特异性免疫力，才能真正做到少生病或者使患病的程度减轻。

近来，个别孩子因为接种疫苗出现了一些反应（其实绝大部分反应是接种疫苗后的正常反应），或者个别地区在接种疫苗方面出现一些问题，在媒体的互相转载下，使得这些问题被扩大。一些惶恐的妈妈对于接种疫苗产生了一些误解或错误认识，甚至怀疑起我国计划免疫政策，并以此为理由拒绝给自己的孩子接种疫苗。这些妈妈自以为这样做是为了孩子安全和健康，其实是害了孩子。因为孩子不是生活在与世隔绝的真空世界里，一旦接触某种传染病或者患某种传染病，因为身体缺乏相应的抗体，“中枪”的概率就大了，只有听天由命。即使生病后采取人工被动免疫治疗，也为时已晚了。孩子不但要遭受疾病的折磨，而且还有可能落下终生残疾或者失去生命。还是我说的那句话，孩子的健康就掌握在父母手里，家长必须要有清醒的认识。作为一名长期与小儿疾病打交道的儿科医生，我有责任再说几句。

一、人必须同时具备两种免疫能力

人必须同时具备两种免疫能力——非特异性免疫能力和特异性免疫力，才能真正做到少生病或者使患病的程度减轻。所谓非特异性免疫（又叫先天性免疫或天然免疫），是人一生下来就具有的免疫能力，是人类在进化过程中逐渐建立起来的一种天然防御机制，例如组织保护屏障（皮肤和黏膜系统、血脑屏障、胎盘屏障等），固有免疫细胞（吞噬细胞、杀伤细胞、树突状细胞等），固有免疫分子（补体、细胞因子、酶类物质等）；特异性免疫能力（又叫获得性免疫）是机体经过后天感染（例如生病、无症状的感染）或按计划进行预防接种，刺激机体产生抵御相应传染病的能力。特异性免疫包括自动免疫和被动免疫。

1. 自动免疫又包括人工自动免疫和自然自动免疫

机体受到外来抗原刺激后，自身免疫系统产生的免疫能力称自动免疫。它分为人工自动免疫和自然自动免疫两种。因患过某种传染病或隐性感染，痊愈后人体自然产生了免疫力，不会第二次患这种传染病，这是自然自动免疫。但是这些传染病及其合并症对人体的伤害是非常严重的，甚至会贻害终生或使人失去生命，例如麻疹和天花。问题是人们不可能完全通过自己感染各种传染病而获得相应的免疫力。为避免人们患某种传染病，于是人工将这种致病微生物予以灭活或减毒制成疫苗或菌苗接种到人体，刺激免疫系统中的淋巴细胞，淋巴细胞就会产生一种抵抗该病原体的特殊蛋白质——抗体。抗体能与特定的抗原结合，促进吞噬细胞的吞噬作用，将抗原清除或使病原体失去致病性。抗原被清除后，在数月乃至数十年以后，淋巴细胞仍保持着对此种抗原的记忆。当此种抗原再次进入人体时，身体具有产生相应抗体的能力，会产生大量抗体，这种获得对相应疾

病免疫力的方法叫作人工自动免疫。

当前我国实施的免疫接种大多数为人工自动免疫。人工自动免疫产生的抗体可以使免疫力持续很长一段时间，当免疫力最强时候过去后，会逐渐减弱。如果此时再次接种同种免疫制剂，一般很容易使抗体再度增多，免疫力增强。所以，一些疫苗在完成各种免疫预防制剂的基础免疫后，还需要根据不同预防制剂的不同免疫持久性给予加强免疫，以巩固免疫的效果，像百白破三联预防剂、脊髓灰质炎灭毒活疫苗、麻风腮三联预防剂、乙脑疫苗等进行基础免疫后都需要再次加强接种。

天花曾经是危害人类生命的最严重的疾病，我们的祖先很早就根据中医以毒攻毒的理论，通过接种人痘以预防天花疾病。后来英国医生琴纳根据人痘接种的原理发明了牛痘疫苗，通过接种牛痘疫苗来预防天花，开创了人工自动免疫的历史。以后，牛痘疫苗经过不断改革造福于人类。1980年在日内瓦召开的世界卫生大会向全世界郑重宣布：天花已经在全球彻底消灭了，全世界的人都彻底摆脱了天花这一危害人类生命最严重的疾病。这就是人工自动免疫的功劳。目前世界卫生组织又在号召各国为近期消灭脊髓灰质炎作出努力。

2. 人工自动免疫制剂包括菌苗、疫苗和类毒素

菌苗　是由细菌菌体制成的，分为死菌苗和活菌苗。死菌苗一般是选用免疫性好的菌种在适宜培养基上生长、繁殖后将细菌处理灭活，稀释到一定浓度而制成，例如百日咳、伤寒、霍乱菌苗。这类菌苗进入人体后因为已经灭活，不能再生长繁殖，对人体刺激时间短，产生的免疫力不强。为了让人体获得强和持久的免疫力，需要多次接种。减毒活菌苗一般选择无毒或者毒力很低，但免疫性比较高的菌苗，培养繁殖后用或用菌体制成，例如卡介苗。活菌苗接种到人体后可以生长繁殖，但是不引起疾病，对人体刺激时间较长，接种量小，免疫力持续的时间较长，免疫效果好。但是由于是活菌苗，因此有效期短，需冷藏保管。

疫苗　是用病毒或立克次体接种于动物、鸡胚或组织培养，经过处理制成。分为灭活疫苗和减毒活疫苗。灭活疫苗，如乙脑灭活疫苗、甲型H1N1流感疫苗；减毒活疫苗，如口服脊髓灰质炎疫苗（糖丸）、麻疹疫苗、流感疫苗等。

专家提示

活疫苗的优点与活菌苗相似，但在注射丙种球蛋白或胎盘球蛋白的3周内不可以接种活疫苗，以防止免疫作用受到抑制。

类毒素　用细菌所产生的外毒素加入甲醛，变成无毒性而仍然有免疫原性的制剂，如白喉类毒素、破伤风类毒素。

3. 被动免疫也可分成人工和自然两种

机体因接受外来免疫物质，从而产生对某种或某些疾病的免疫力，叫作被动免疫。也就是将含有对抗某种疾病的大量抗体的被动免疫制剂注入人体后即可获得免疫力。

被动免疫也分人工和自然两种。经过胎盘或初乳传给婴儿的免疫抗体，使小婴儿在出生后0～6个月内对某些传染病有一定的免疫力，这种免疫形式叫自然被动免疫；将含有抗体的血清或免疫球蛋白注入人体，使其获得现成的抗体，如破伤风抗毒素、胎盘球蛋白、丙种球蛋白，这种免疫形式叫人工被动免疫。

人工被动免疫多用于尚无自动免疫方法的传染病密切接触者，只能在特殊情况下用于紧急预防。因人工被动免疫的抗体不是受种者本身产生的，这种免疫力效果快，但注入人体后很快会被排泄掉，所以预防时间短

（大约3周）。

专家提示

如果这种制剂来自动物血清，虽然用的都是精制品，但是对于人体来说是一种异性蛋白，注射后容易引起过敏反应以及血清病。

被动免疫制剂包括抗毒素、抗菌血素、抗病毒素等，通称为免疫血清。此外还包括丙种球蛋白和胎盘球蛋白。目前使用的被动免疫制剂有白喉抗毒素、破伤风抗毒素、肉毒抗毒素、抗狂犬病毒血清等。

二、不要忽视计划外疫苗

对于我国这样一个不富裕的国家来说，国家已经花了很多资金用于免费接种疫苗，计划外的疫苗也已经公示给大家，家长可以自愿选择接种。其实这些计划外的疫苗，在一些发达国家已经纳入到计划内的疫苗了，但是因为我国人口基数太大，国家一时还拿不出这么多钱。另外，有一些传染病的流行地域性特点比较明显，所以作为计划外疫苗列出来，请家长进行选择缴费接种。

2007年，根据卫生部制订的《扩大国家免疫规划实施方案》，已经将原来的计划外的一些疫苗纳入到计划内免疫程序：在乙肝疫苗、卡介苗、脊髓灰质炎疫苗、白百破疫苗、麻疹疫苗、白破疫苗6种国家免疫规划疫苗的基础上，将甲肝疫苗、流脑疫苗、乙脑疫苗、麻风腮疫苗也纳入国家免疫规划，对适龄儿童进行常规接种。在重点地区对重点人群进行出血热疫苗接种；发生炭疽、钩端螺旋体病疫情或发生洪涝灾害可能导致钩端螺旋体病爆发流行时，对重点人群进行炭疽疫苗和钩体疫苗应急接种。部分省市已经对流感疫苗也实行了免费接种，国家为此投入了大量的资金。现在，真正计划外的疫苗所剩不多，如水痘疫苗、轮状病毒疫苗、HIB 疫苗（B 型嗜血流感杆菌疫苗）、肺炎疫苗（23 价和 7 价）、出血热疫苗。我认为除了出血热疫苗可以选择不接种外，其他的计划外疫苗我还是建议孩子接种。

卫生部针对疫苗接种过程中出现的问题发布了《疫苗储存和运输管理规范》《疫苗流通和预防接种管理条例》。我们不能以部分地区出现的一些问题或者某些媒体的报道就全盘否定我国执行的计划免疫政策，更何况这些报道是不是事实还很难确定。所以，家长要以清醒的头脑去进行分析，不能因为自己错误的选择而贻害孩子终生。

三、提请家长注意的几个问题

1. 接种疫苗是为了增加机体的抵抗力

婴幼儿本身免疫功能发育不健全，从母体中获得的免疫物质又很少，对各种传染病具有易感性，不具有免疫力。接种疫苗就是医学上说的进行人工自动免疫。人工自动免疫就是接种者接种某种菌苗或疫苗（即抗原）之后，通过抗原的刺激作用，机体自动产生免疫力，同时在血清中有相应的抗体出现。一旦孩子接触某种传染病的细菌、病毒或立克次体，体内存在的抗体就会抵御，使人体不会患此种传染病。像全球已经消灭了天花，就是疫苗起的作用。从目前的接种趋势来看，不久我们人类将会消灭脊髓灰质炎，即小儿麻痹疾病。给孩子按时接种各种疫苗，增强孩子的抵抗力，是保护易感孩子的一种有力措施。这样不但提高了每个孩子的免疫力，也提高了人们的整体免疫水平，能够很好地控制传染病的发生和流

行，保证孩子健康成长。

2. 接种疫苗不是100%的保护

目前给婴幼儿接种各种抗原（疫苗），在抗原的影响下，经过一定期限，机体会自动产生免疫力，同时在血清中有相应的抗体或免疫细胞出现，且抗体和免疫细胞延续的时间较久，起到保护机体不生病的作用。免疫力会有一个较强的阶段，之后会缓慢下降。如果在这时再次进行免疫，一般很容易使抵抗力再度提高，达到足以抵抗病原体的较高水平，保护机体不生病。所以家长在孩子完成基础免疫后，为了免疫持久，需要带孩子进行加强免疫。

专家提示

一般来说，绝大多数婴幼儿经过疫苗的刺激都可以产生相应的抗体或免疫细胞，但是也有极少数的小儿（约1%~5%）即使接种了适当的预防接种后仍不能产生抗体或免疫细胞，因此一旦遇到这种传染病，孩子仍可能患病。

3. 接种疫苗的副作用

这些预防接种制剂对人体来说是一种外来的刺激，活菌苗和活疫苗的接种实际上是一次轻度感染的过程，死菌苗和死疫苗对人体是一种异物刺激，接种后在产生免疫力的同时，有时也会产生不同程度的局部或全身的反应。

(1) 局部反应

一般是在接种24小时左右局部发生红、肿、热、痛等现象。红肿直径在2.5厘米以下者为弱反应，2.6厘米~5厘米为中等反应，5厘米以上为强反应，强反应有时可以引起淋巴结肿痛。

（2）全身反应

主要表现为发热，体温37.5℃为弱反应，37.5℃～38.5℃为中等反应，38.6℃以上为强反应。有的孩子还出现头疼、恶心、呕吐、腹痛和腹泻等症状。

（3）异常反应

接种某种生物制剂后可能发生与一般反应性质及表现均不相同的反应。遇到这种反应应该及时去医院诊治，一般会很快痊愈的。出现这种异常反应可能与孩子的体质有密切的关系，如过敏性体质、免疫缺陷者。

专家提示

在接种活菌苗、活疫苗时局部或全身反应出现得比较晚，一般在接种后5～7天出现发热反应。目前我国所用的预防接种的生物制剂反应一般都是轻微的、暂时的，不需要做任何处理，而且恢复也很快。但是，对于个别孩子发生的强反应或异常反应需要给予退热药及对症处理。

医生和家长在给孩子接种前必须注意：

• 医生要认真检查预防接种的生物制剂，详细询问孩子的健康情况，必要时先对孩子进行体格检查，避免因为潜在疾病而出现接种后的偶合现象。接种时要严格遵守无菌操作，一人一个针管、一个针头，避免交叉感染。

• 注意预防接种生物制剂的剂量。每种生物制剂都具有最低的引起机体产生足够免疫反应的剂量，低于该剂量不足以引起机体产生足够的免疫力，但如果剂量过大，可能引起机体的异常反应，甚至机体由于接受过强

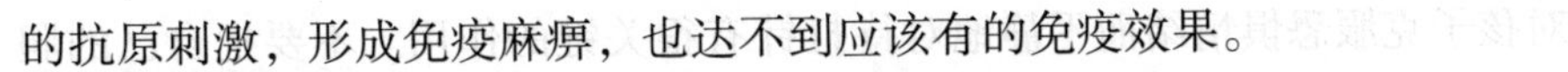

的抗原刺激，形成免疫麻痹，也达不到应该有的免疫效果。

• 严格掌握禁忌症。每一种预防接种生物制剂都有一定的接种对象，也有一定的禁忌症。因此，接种前需要仔细审阅说明书或者询问医生，同时向医生详细地介绍自己孩子的情况（包括既往和近来的情况），这样才能避免异常反应及其他意外，更好地达到免疫效果。

4. 为什么接种了流感疫苗孩子还感冒

流行性感冒和一般的感冒不是同一个病，它们是有区别的。

流行性感冒是由流感病毒感染，有明显的流行病史，其特点是发病急，全身的中毒症状明显：高热、畏寒、全身酸痛、头痛、乏力等，呼吸道症状表现不明显，此病可以迅速蔓延。

感冒又叫急性鼻咽炎，与急性咽炎、急性扁桃体炎统称为上呼吸道感染。感冒主要是以病毒感染为主，大约占原发上呼吸道感染病因的90%，细菌少见。但是由于病毒感染造成上呼吸道黏膜受损，细菌容易乘虚而入，有可能合并细菌感染。

专家提示

接种任何一种疫苗或菌苗都不可能对人的机体产生100%的保护作用，所以说，接种流感疫苗后也不能高枕无忧，还是需要注意预防保护措施的。

5. 孩子接种疫苗时因疼痛哭闹，家长应该怎么办

孩子接种疫苗时因为疼痛会哭闹，这是很正常的一种情绪反应。当孩子获得恐惧情绪的体验以后，只要看见注射器、白大衣、医院都会产生恐惧的情绪而进行抵抗。重要的是家长的态度，也就是他亲近的人的态度，

对孩子克服恐惧情绪而平静地对待打针有很关键的作用。不要把自己的胆怯、过度关心甚至眼泪感染给孩子。

当孩子7～8个月的时候，遇到陌生而不能肯定的情境时，他们往往从亲人的面孔上寻找表情和动作的信息，然后决定他们的行动。如果家长表现出微笑、肯定和鼓励的面部表情，他们就会勇敢面对。如果亲人表现出高度紧张、恐惧，甚至心痛得流下眼泪的面部表情和举止，孩子就会更加紧张、焦虑、恐惧，进行抵制。

因此，家长在孩子不可避免地接种疫苗或治疗时，虽然心疼自己的孩子，但面部也要表现出微笑、鼓励的表情，鼓励孩子忍受打针的痛苦，而尽量减少孩子的恐惧。当孩子表现得很勇敢、没有哭闹时，要及时给予表扬和奖励。还要在平时通过不断解释、寻找模仿对象来帮助孩子克服打针时的恐惧。

我还是希望家长千万不要因为一些媒体的报道而迷失了方向，甚至对我国的计划免疫政策产生怀疑。如果大家都无限扩大这些问题，搅乱了人们的视线，最后倒霉的是我们的孩子。

专家提示

偶合症是指受种者正处于某种疾病的潜伏期，或者存在尚未发现的基础疾病，接种后巧合发病（复发或加重）。偶合症的发生与疫苗本身无关。疫苗接种率越高、品种越多，发生的偶合率越大。

6. 接种疫苗是不是越多越好

为了获得较好的免疫反应，不同种类的疫苗应该有最合适的接种时间和接种间隔。进行基础免疫的孩子，在接种疫苗后，一般2～4周产生抗

体，达到高峰后持续一段时间逐渐下降，然后再次加强一针，这样抗体水平会更高，免疫力持续时间会更长。因此，要严格遵照规定的时间进行接种。

但是除了国家规定的计划免疫外，还有一些其他的疫苗，根据不同的人、不同的年龄、不同的生活环境、不同的季节可以进行选择性接种。因为，各种疫苗毕竟对人体来说是异种，对人体是一种外来的刺激，不管是活疫苗、活菌苗、死菌苗、死疫苗都是一种异物，都会引起局部或全身的反应。同时，多种疫苗的接种也会产生协同作用或者是干扰作用。搭配合适，可以起到加强免疫的效果；如果不合适，可以发生干扰现象，强者抑制弱者，大大降低了免疫力，甚至产生抵抗作用或者免疫麻痹（又称免疫耐受）而出现危险。

因此根据自己孩子的情况，除了国家计划免疫的疫苗外，慎重选择其他疫苗。最好是咨询大夫后，在大夫指导下选择疫苗接种。

专家提示

注射疫苗，既不能漏打、少打，也不能重打、多打。一人可以同时接种两种疫苗（需要根据疫苗说明书来决定），但是不能同用一只针管，不能在同一个部位接种。

7. 进口疫苗是不是比国产疫苗好

一般在给孩子接种疫苗时，医生会问，是打进口的还是国产的。进口的疫苗往往比国产的贵很多，有些家长心中就会有疑惑，是不是进口的疫苗比国产的好？国产和进口的疫苗区别在哪里呢？

两者在价格上的巨大差异，主要是因为选择疫苗毒株和培养工艺不同，使其产生的抗体数量会有不同。另外，保护期的时间长短、副反应的大小等方面也都有区别。例如，我国产的脊髓灰质炎疫苗是口服的减毒活疫苗糖丸（OPV），而进口疫苗是灭活脊髓灰质炎病毒的针剂（IPV）。糖丸（OPV）针对人群传播脊髓灰质炎预防效果更好，不需要注射，免除孩子接种时的痛苦。但是由于该疫苗是减毒活疫苗，对于个别的孩子（如有免疫缺陷病的孩子）具有一定的危险性，每240万人中就有一个因吃糖丸而染上脊髓灰质炎。

为了婴幼儿的绝对安全，专家建议使用灭活的针剂（IPV）进行免疫，绝对不会引起相关的麻痹型脊髓灰质炎。但是，如果孩子对新霉素和链霉素过敏，则建议用口服糖丸，因为针剂在生产过程中使用新霉素和链霉素。

专家提示

需要提醒家长的一点是，不管是进口还是国产的疫苗，都经过国家严格的检验，都是安全有效的。建议妈妈们在给宝宝选择疫苗时量力而行，要考虑到家庭的经济能力，是否能承担进口疫苗昂贵的价格。另外，在给宝宝接种进口疫苗前应先咨询医生，看宝宝的体质是否适合。不同的宝宝，接种疫苗后的副反应会有所差异。

母乳喂养与配方奶喂养并不矛盾

母乳喂养是一种生活方式，而不仅仅只是一种喂养孩子的方式。对于不能接受母乳喂养的或者母乳喂养不能获得满足的孩子，有权获得除母乳以外、其营养配方能够接近母乳的代乳品。

自1992年以来，我国创建爱婴医院的活动高潮迭起，在当时成为医务界的一项重大的政治活动。这项活动源于1991年3月，李鹏总理代表中国政府签署了在世界儿童问题首脑会议上通过的《儿童生存、保护和发展世界宣言》和《执行九十年代儿童生存、保护和发展世界宣言的行动计划》两个文件，对国际社会作出了庄严的承诺——4个月内小婴儿母乳喂养率达到80%。为了更好地关注和支持“母乳喂养”的观念，早在1990年5月10日，卫生部在北京举行的母乳喂养新闻发布会就已经确定了每年5月20日为“全国母乳喂养宣传日”。这是由国家卫生部为保护、促进和支持母乳喂养而设立的一项重要活动，呼吁全社会都来关注和支持母乳喂养，并提出：除特殊情况外，产妇在住院期间，95%以上的妈妈自愿对宝宝进行母乳喂养。

当时爱婴医院如雨后春笋般涌现出来，很快全国就有7000多家医疗机构获得了这个称号。这个数目约占全球爱婴医院的1/2。笔者在当时任儿科主任，也领导全科与全院同仁一道为创建爱婴医院夜以继日地工作，为了迎接检查和验收。当验收通过后，我因为过度劳累，胆结石发作，堵塞胆总管，出现黄疸，不得不住院治疗。

当时出生的孩子一律母乳喂养，有的妈妈因为各种原因不能及时下奶或者因为医疗原因不能自己哺乳，也是一律给初生的宝宝喂母乳库的奶（当然都是成熟乳啦），包括早产儿和低体重儿也是这样。因为那个时候一些产科医生、新生儿医生对于母乳喂养还没有做到真正的深刻认识，其中包括给新生儿额外补充维生素D和维生素K的医疗方法。

一、我国母乳喂养率一直不达标

世界卫生大会向全球倡议：最初6个月纯母乳喂养并坚持哺乳24个月或以上，是人类哺育婴儿的最理想方式。为此1992年2月，国务院制定和颁发了《九十年代中国儿童发展规划纲要》，显示了中国政府重视和关怀儿童事业的严肃态度。紧接着，在《2001～2010年儿童发展纲要》中提出主要目标之一，即“婴幼儿家长的科学喂养知识普及率达到85%以上”和“婴儿母乳喂养率以省（自治区、直辖市）为单位达到85%，适时、合理添加辅食”。

但是，联合国儿童基金会2009年报告称：全球1.77亿发育不良的儿童中，中国占1300万，仅次于印度。这些儿童绝大多数来自贫困农村。而城市和大部分农村存在着母乳喂养率严重下滑情况，偏远的农村虽然母乳喂养率相对比较高，却存在着添加辅食不合理的现象，所以造成一部分孩子发育不良。

到目前为止，我国还是有近一半新生婴儿没有足够的母乳吃。1998年的一组调查数字显示，城市的母乳喂养率是53.7%，农村为76.6%；到2002年这组数字变成了48.7%和60.4%。其中母乳喂养的主要生力军——农村母乳喂养率下降更为严重。

联合国儿童基金会卫生与营养官员何大卫说，以前中国对纯母乳喂养的定义与国际定义不同。因此，中国在2007年缺少纯母乳喂养率统计，2007年以前只有中国个别地区小范围的统计。如在浙江的调查发现，农村地区纯母乳喂养率只达到7%，城市仅为1%。他还说："2008年中国官方公布的比率为28%，超出预想，但比率仍很低。"

北京市卫生局公布的最新统计数据显示：2010年出生的新生儿，6个月内母乳喂养率为91%，纯母乳喂养率（纯母乳喂养是指除给母乳外不给孩子其他食品及饮料，包括水，除药物、维生素、矿物质滴剂外，也允许吃挤出来的母乳）为65%。

专家提示

有专家指出，2012年全国0~6个月婴儿纯母乳喂养率比北京市更低，只有40%~50%。

2010年5月6日，《人民日报》刊文《母乳喂养率偏低的背后》谈道："卫生部资料显示，我国6个月婴儿的母乳喂养率大约是67%，与《中国儿童发展纲要（2001~2010）》提到的85%的目标，还有较大差距；纯母乳喂养率25%左右，与世界卫生组织制定的《婴幼儿喂养全球战略》（2002）提出的6个月内100%纯母乳喂养的目标差距较大。也就是说，从1992年提出母乳喂养目标，近20年过去了，我国母乳喂养率仍不达标。"

在这20年中，卫生行政部门、医疗机构、媒体等对母婴保健知识，尤其是母乳喂养宣传力度不断加大，可是为什么我国母乳喂养率不但不达标，而且还一路下滑呢？绝不是像一些媒体分析的母乳喂养率下降主要是因为母亲对母乳喂养认识不足，配方奶粉厂家的广告宣传又无孔不入，医疗机构指导不足是直接导致母乳喂养率下降的根本原因，也不是像一些母乳喂养忠诚者所认为的是一些妈妈害怕影响自己体型变化或吃不了这份苦。

二、母乳喂养率下滑的原因

母乳喂养率下滑的背后有着更加深层的社会原因，如果都把板子打在母亲对母乳喂养认识不足或认为母乳代用品的广告无孔不入或医疗机构指导不足等造成的，显然是片面的。

1. 母乳喂养政策没有落到实处

任何一项政策的实施，后续的各种措施必须要跟上，形成一个落实这项政策的社会大环境，这样才能保证政策落在实处。母乳喂养是惠及每个家庭的一件大事，也是为了更好地提高下一代人口素质的一件大事。我国政府对国际社会作出承诺以后，就要根据我国国情制定周密的措施去落实它，而不是单纯发出行政命令，不看下面能否有实现的条件和现实存在的问题。

世界卫生组织第55届世界卫生大会通过的《婴幼儿喂养全球策略》中“促进婴幼儿合理喂养”一节第12条明确提出：通过提供赋予权能的最低条件，例如带薪产假，非全日性工作安排，现场托儿所，挤取和储存母乳设施以及母乳喂养间歇时间，可帮助从事有酬就业的妇女继续母乳喂养。

我国2005年颁布的《妇女权益保障法》规定：

第二十六条　任何单位均应根据妇女的特点，依法保护妇女在工作和劳动时的安全和健康，不得安排不适合妇女从事的工作和劳动。

妇女在经期、孕期、产期、哺乳期受特殊保护。

第二十七条　任何单位不得因结婚、怀孕、产假、哺乳等情形，降低女职工的工资，辞退女职工，单方解除劳动（聘用）合同或者服务协议。但是，女职工要求终止劳动（聘用）合同或者服务协议的除外。

《中华人民共和国劳动法》第六十二条　女职工生育享受不少于90天（现改为98天）的产假。

第六十三条　不得安排女职工在哺乳未满1周岁的婴儿期间从事国家规定的第三级体力劳动强度的劳动和哺乳期禁忌从事的其他劳动，不得安排其延长工作时间和夜班劳动。

但是，随着我国经济的迅速发展，由于每个家庭生活压力日益增加，大多数的妈妈都要外出去工作，否则仅靠爸爸一个人去工作，很难维持家庭生活的全部经济负担。更主要的是中国女性更愿意经济独立，大多数女性不管有没有条件留在家里做全职妈妈，一般还是愿意继续工作。只好将孩子留在家里由老人或者保姆来带，势必不能很好地进行母乳喂养。真正能够做全职妈妈的少之又少。

专家提示

世界卫生组织制定的《婴幼儿全球喂养策略》中谈到的：迅速的社会经济发展和不断扩大的城市化加剧了家庭在适当喂养和照护其子女方面面临的困难。不断扩大的城市化造成更多家庭依靠非正式或间歇性就业，收入不稳定，生育福利极少或根本没有。

在我国，更多的农村年轻妇女走出农村，进入城市去打工，只能断掉母乳将他们生下的孩子托付给家中的老人，采取人工喂养并按照他们旧有的喂养方式养育自己的孙辈。

虽然我国明文规定妇女产假为98天，晚婚、晚育、难产的妇女适当延长产假，但是不同企业执行起来却大相径庭。一些用人单位招人虽然不敢明确规定拒招没有生育过的已婚女职工，但是他们却喜欢招一些已经生育孩子2~3年的女职工，显然是为了减少以后女职工怀孕和生育的“麻烦事”；一些企业虽然不敢明目张胆地解聘怀孕和刚生育的女职工，但是常常使用一些手段变相对待这些女职工，例如调离到工作地点远的地区去上班，工作岗位被他人顶替，虽然按规定有1年的喂奶时间但是工作量却不减少，有的女职工被安排频繁出差等。

这些用人单位的内部政策促使哺乳期妈妈长期处于紧张、焦虑的精神压力之下，而母乳的分泌又与情绪有密切的关系，只有在愉快的情绪下才能产生更多的母乳来哺育自己的孩子。生活压力和工作压力迫使这些母亲不得不放弃喂奶时间或者断掉母乳。我非常同情和理解这些年轻的妈妈，她们不像我年轻的时候，我那时吃的是铁饭碗，只要我不严重违法，单位是不敢解聘我的。但是现在的年轻人就不同了，老板说炒你鱿鱼就能将你炒了。尤其是在基层，我常常遇到一些妈妈，出了月子就上班，因为她担心自己的工作岗位会被别人顶替了。这些妈妈怎么能有足够的母乳以及坚持母乳喂养。

随着我国经济体制的改革，一些外资企业、私营企业，包括一些转为股份制的国有企业，都把自己认为不该承担的社会福利设施去掉。我在20世纪70年代生孩子，那时医院或各企事业单位都有自己的哺乳室、托儿所和幼儿园，虽然当时女职工只有56天产假，但是产假过后就可以把孩子送到哺乳室，由阿姨来照顾，每天早晨带着一些干净的尿布把孩子送去哺乳室，由哺乳室的阿姨帮助照看和换尿布，到喂奶时间妈妈就去喂奶。像我因为母乳不够（母乳确实不够，当时我工作的北京平谷县不养奶牛，又是困难时期刚过，根本买不到牛奶或奶粉，我只有让孩子频繁地吸吮，但是常常由于母乳不足孩子饿得哭闹不止。我在北京的母亲得知后，只要看到哪里卖奶粉，挤破脑袋也要为我排队去买上 1 袋。即使这样，我母乳喂养也坚持到了孩子 1 岁，才将孩子送回北京由母亲帮助抚育)，先生每天送孩子去他们工厂的哺乳室，由他喂冲调好的牛奶（当时工厂的领导都很照顾孩子的爸爸)。而我利用喂奶时间赶回家给孩子做辅食，并给孩子喂母乳。我们医院也有自己的哺乳室和托儿所，只不过因为我家离医院远，只好去她爸爸单位的哺乳室，由爸爸承担一部分工作。

单位办哺乳室和托儿所自 20 世纪 50 年代开始就已经有了。当时确实解决了女职工和其家庭的后顾之忧，那时人工喂养的宝宝少之又少，绝大多数都是母乳喂养，人们认为母乳喂养是天经地义的事情。我们从来没有为孩子不能上哺乳室、托儿所、幼儿园着急过。可是现在几乎所有的企业、事业单位，包括外企、私人企业、股份制单位全都取消了这些福利设施。而且这些单位几乎没有为哺乳期的妈妈准备挤奶室，就像很多公共场所都设置了吸烟室，却偏偏没有设置换尿布的婴儿室和哺乳室。上海 2011 年 7 月份仅仅因为在某个写字楼建立了一个哺乳室，几乎所有的报纸都进行了转载，像发现新大陆一样，似乎这是一件为母乳喂养办的大好事。笔者认为在偌大的上海市，写字楼鳞次栉比，甚至有的单位女职工占 50% 以上。建立一个小小的哺乳室相对于整个上海市乃是九牛一毛，对于大力提倡母乳喂养的中国来说应该感到羞愧，是莫大的讽刺。

据《中国劳动报》2011 年 7 月 15 日报道：3 个月产假结束后要不要去上班，一直是困扰妈妈们的难题。母乳喂养事关孩子的健康成长，但不少妈妈为了工作忍痛断奶。（上海市）市总工会女职工部部长宋钟蓓向记者介绍，无论从何角度都应该鼓励母乳喂养，国务院颁布的《女职工劳动保护规定》也为母乳喂养提供法律保障：有不满 1 周岁婴儿的女职工，其所在单位应当在每班劳动时间内给予其两次哺乳（含人工喂养）时间，每次30分钟。女职工每班劳动时间内的两次哺乳时间，可以合并使用，哺乳时间和在本单位内哺乳往返途中的时间，算作劳动时间。“但是具体实行起来还是有难度”，宋钟蓓表示。

《女职工保健工作规定》明确指出，有哺乳婴儿5名以上的单位，应逐步建立哺乳室。《中华人民共和国未成年人保护法（2006修订）》第四十五条中：地方各级人民政府应当积极发展托幼事业，办好托儿所、幼儿园，支持社会组织和个人依法兴办哺乳室、托儿所、幼儿园。

但是目前绝大多数单位、办公楼没有设立哺乳室，迫使一些“背奶族妈妈”去卫生间挤奶。虽然我国政策制定得很好，但是没有人去监督、执行，形同虚设。在单位进行评比先进时，没有人会将这一条列入到评比的条件中。如此，一些哺乳期的妈妈只好断了母乳。上海这样的国际大都市尚且如此，一些小城镇或者私营企业就可想而知了。

在国外，据北方网2011年1月报道：美国国会山是一个政治味超浓的地方，共和党和民主党时刻都处于敌对中，但喂奶的地方罕有地出现了两党和谐。在整个国会山，共有4间乳立方哺乳套房，两间设在众议院大楼，一间在参议院大楼，还有一间在国会大厦。所有哺乳套房都干干净净，而且是闲人免进的地方，专门供妈妈们给孩子喂奶或者挤奶使用。这些房间也是整个国会山中所剩无几的真正跨党派区域、两党战争中难得的中立区。和许多大公司一样，这些房间都使用了电子锁，有卡才可以进入。里边设有和医院一样的泵乳器，舒适的椅子和沙发，还有一个水槽、一个小冰箱、许多杂志、电话。美国人的产假是12周（84天），同时也给爸爸4周的产假，让其陪伴产妇和婴儿，担负起奶爸的职责。

我国政府虽然在《儿童生存、保护和发展世界宣言》承诺：我们将努力加强妇女的作用和地位。我们将促进负责任的生育数量、生育间隔、母乳喂养和母亲安全计划……我们将努力做好工作，从而尊重家庭在抚养儿童方面的作用，并支持父母、其他保育人员和社区对儿童，从早期童年至青春期的养育和照料。我们还认识到与家庭分离的儿童的特殊需要。但是实际上往往工作不到位，因经济转型，将我国近40年来建立的保证妇女儿童权益的福利设施取消了，也才衍生了今天孩子入托难、0～3岁早期教育国家不能注入资金的困境。虽然我们已经进入了21世纪，但是我们一些宣传还停留在《九十年代中国儿童发展规划纲要》上，岂不是很可悲吗？

我国一位母乳喂养指导人士认为，现在全社会都在大力提倡母乳喂养，在公共场所设立哺乳室就是把推进母乳喂养落在实处。

在美国、加拿大、日本等国的很多公共场所配有专门的母婴设施，在中国台湾和香港也规定在公共场所必须建立哺乳室。据新华网报道：台湾立法机构2010年11月9日通过《公共场所母乳哺育条例》，规定任何人不得禁止、驱离或妨碍妇女在公共场所哺乳，若有违反，可处新台币6000元以上、3万元以下罚款。这项条例还规定，总楼地板面积超过500平方米的政府机构和公营事业单位，总楼地板面积超过1000平方米的铁路车站、航站楼、捷运站，以及总楼地板面积超过1万平方米的百货公司、零售商店，都必须设置哺乳室，否则将施以罚款。如果设施达不到规定，也得被处罚4000元新台币到2万元新台币。在新规上路第一天，台北市卫生局组织人员到规定场所进行检查。在台北捷运（即地铁）市政府站，中新社记者看到哺乳室外有清晰的标识，哺乳室内则特意以温馨的粉红色调装饰，为妈妈们提供了舒适的沙发、洗手设备，以及紧急求救铃。捷运站人士告诉记者，鉴于捷运站人流量大，为了保护哺乳妈妈，还专门配备反偷拍设施。目前台北市已设立368处哺乳室，其中鉴定为优良的有250余处，未来还将不定期对相关单位进行抽查。台湾“卫生署民众健康局”指出：草案也授权“卫生署”研订哺（集）乳室设备标准，就基本设备、安全、采光、通风等规范事项外，将明定哺（集）乳室除专供哺（集）乳外，不得作为其他用途，并强调应订定管理维护办法，友善母乳哺育环境。香港也是如此。

2. 科学喂养信息不透明，宣传不到位

虽然卫生部妇幼司根据我国情况颁布的《婴幼儿喂养策略》明确提出保护、促进和支持母乳喂养、及时合理地添加辅助食品。但是很难将这个策略宣传到户，尤其是农村或边远山区。

目前我国有13亿多人口，其中农民约占9亿多，在农村出生的婴儿占全国出生婴儿的绝大多数，而且这些农民家庭往往还不只有一个孩子，有很多地方规定如果第一胎是女孩的话，还可以生第二胎，这也就是为什么近年来农村男女比例为123:100远远高于全国水平119:100。出生人口性别比长期偏高，将导致婚姻挤压等问题，影响社会的和谐与稳定。除此之外还有所谓的“超生游击队”。由于中国流动人口的计划生育管理服务不到位，流动人口违法生育占总量的60%以上。因为是偷偷摸摸地生孩子，婴幼儿科学喂养的知识肯定就宣传不到他们那儿。

按传统观念，农村更应该是母乳喂养最容易接受的地方，也应该是母乳喂养坚定执行的生力军。但是由于经济贫困、落后的观念以及信息不通畅，错误地认为断掉母乳喂配方奶粉的孩子同样会长得很好，甚至还认为配方奶喂养的孩子会比母乳喂养的孩子长得更好。而家中的老人由于贫困或旧有的消费意识，往往更愿意选择廉价的配方奶粉喂养孩子，才会发生2004年轰动全国的安徽阜阳假奶粉养育出“大头娃娃”的社会悲剧。时隔4年，2008年又惊爆用化工原料三聚氰胺制作劣质奶粉事件，此事殃及全国很多的孩子。

我记得“文化大革命”前，由于农村还是以人民公社为领导的集体生产，那个时候村村都有赤脚医生和新法接生员，实行的是县、乡和村联合的三级医疗网，合作医疗体系由大队干部、赤脚医生和村民组成的管理委

员会负责，每个大队平均有 3 个赤脚医生。这个医疗体系提供卫生教育、家庭计划生育教育、预防接种、传染病监测及报告和其他预防性服务，同时具备基本的医疗设备和药物，实行的是合作医疗制度。农民每人只需给大队缴纳 2 元钱参加合作医疗，通过赤脚医生的一片药、一支针（针灸）和一把草药，很多小病不用出村就可以治愈，一些小手术不用出乡就可以完成。

随着毛主席“6·26”对全国卫生工作的指示——送医、送药到农村，很多城里的医生到了农村，一些医学院的毕业生也分配到了农村，当时的农村医疗水平还是很高的。农民有病先找赤脚医生，赤脚医生解决不了再到卫生院或县医院就诊。

当年我大学毕业后就被分配到北京远郊区平谷县（即现在的平谷区），曾经在卫生院工作过一段时间，因此与赤脚医生打交道的时候很多。当有预防接种、防止疾病流行的各项措施执行以及一些卫生知识需要普及到户或到人时，往往都是通过培训赤脚医生，由赤脚医生通过生产队的大喇叭向全村进行广播宣传。那时很容易将一些防病知识直接传达给广大的农民，做到了卫生知识普及化。

但是 80 年代，随着人民公社解体，家庭联产承包责任制建立，农村的合作医疗制度也随之消失，赤脚医生由个体行医者所代替，农村诊所主要是卖药赚钱，城里的医生回城了，县、乡和村的三级医疗网彻底消失了。

试想这种情况之下有谁能够担负起把母乳喂养的知识宣传给母亲和老一辈人的工作，农村成了母乳喂养宣传被遗忘的角落。老一代人仍沿袭旧的传统方式哺育孩子，例如刚出生的孩子就喂黄连水，名曰是为了给孩子去胎火和胎毒；为了降火，用凉茶冲调配方奶。过早地添加辅食是农村最常见的事情，例如给出生不久的孩子喂米汤，孩子不到两个月就喂自家制作的米粉，这些做法在农村是很普遍的。甚至有家中老人拿自家鸡下的蛋去换没有营养的方便面给婴幼儿当主餐或零食的事情。农村成了三无产品或廉价母乳代用品销售占据的场所，孩子们成了最大的受害者。婴幼儿营养不良的发生确实与不科学的喂养方式有着密切的关系。

3. 客观确实存在着母乳不够或具有医学指征不能母乳喂养的妈妈

人们一直认为，几乎所有母亲都能够母乳喂养。当然这里提到的母乳喂养不是指纯母乳喂养，应该还包括混合喂养。中国医师协会儿童健康专业委员会主任委员、亚洲儿科营养联盟主席、国际儿童食品法典委员会核心组专家（CAC Codex）丁宗一教授说："我们有30%的母亲没有奶。什么原因呢？这是人类独有的吗？不是，所有哺乳动物都有30%无法进行母乳喂养。如果是动物，它就没有别的法子了，就只有死亡。那么，人类呢？我们不仅仅是有哺乳类的这么一个基本的生物学特征，由于一些生活、社会的因素，可能这个比例还要高一点。"因此，对于母乳确实不够或者因为医学原因不能母乳喂养的孩子，要保证他的生存权利，自然会选择配方奶喂养，这也是造成纯母乳喂养率不高的一个原因。

根据世界卫生组织去年发布的报告显示，中国剖宫产率高达46.2%，是世界卫生组织推荐上限的3倍以上。中国疾病预防控制中心妇幼保健中心儿童卫生保健部主任王惠珊说："剖宫产率的不断上升，是造成纯母乳喂养率下降的原因之一。"剖宫产的妈妈产后疼痛程度大，造成身体不适，可能不愿意哺乳；还有一个原因就是为了预防感染，剖宫产后妈妈通常会注射抗生素。王惠珊还说："有些抗生素注射后不会影响母亲的乳汁，而有些则需要注射两三个小时后再哺乳。而很多家属认为抗生素会影响母亲乳汁，不敢给孩子喂母乳。"错失了早开奶、早吸吮的机会，这也是造成母乳喂养率下滑的一个很重要的原因。

全球的早产儿和低体重儿出生率近年来不断上升，仅早产儿全球平均发生率为15%，在我国早产儿发生率大约为8.1%。由于低体重儿、早产儿生理上没有成熟，不能够独立在宫外的自然条件下生存，因此单纯凭母乳喂养还是不够的。经过近年的研究，专家们认为生母母乳不能完全满足早产儿、低体重儿对营养的需求，这些低体重儿、早产儿还需要特殊的配方奶或母乳强化剂来进行喂养，以保证这些孩子对营养的需求帮助其完成生后的追加生长。因此纯母乳喂养率就会下降。

4. 违背生物进化和生态学发展基本事实和规律的言论给母乳喂养帮了倒忙

有一位知名的专家在一家著名网站谈儿童早期发育问题时，谈到孩子出生后应重视母乳喂养时说："我有好几个硕士生、博士生，我要求她们全部纯母乳喂养到6个月，我要求她们：你纯母乳喂养到6个月，我们给你6个月产假，如果你不纯母乳喂养，对不起，那你40天后，按照国家规定来上班。"她又说："母乳喂养可以增进母子感情。我们中国有句什么话，有奶便是娘。如果说生了孩子不喂奶，那就没尽到母亲的责任，所以有奶便是娘。"且不谈她的这些学生包括不包括在丁宗一教授谈到的30%范围内，能不能保证纯母乳喂养，按照她的规定纯母乳喂养就可以给6个月的产假，不能纯母乳喂养的只给40天。她有什么权利克扣产妇的产假，严重违反了《中华人民共和国劳动法》第62条："女职工生育享受不少于90（现98天）天的产假。"再说，98天产假不但是为了哺喂孩子，还有产妇自身产后的恢复时间，仅仅因为你是导师就有权利对你的学生这样做？另外，说"生了孩子不喂奶就是没有尽到母亲的责任，有奶便是娘"。那么反问一句：如果妈妈没有奶就不是娘了?！生了孩子不喂奶就是没有尽到做母亲的责任？就不是一个合格的母亲。这种言论如果出自一位普通的医务工作者还罢了，但是却恰恰出自一位在医学专家之口就太不应该了。

这种言论给人们产生了一种错误感觉，即不喂母乳就不是一个好母亲，也不是一个负责任的母亲，甚至不能休完国家规定的产假。类似这样的舆论势必造成一部分母亲潜意识中的抗拒或负罪感。这样是非常不利于母乳喂养率上升的。

我非常赞同美国西尔斯医生在他的著作《西尔斯亲密育儿百科》所谈的："母乳喂养是一种生活方式，而不仅仅只是一种喂养孩子的方式。"同时他在书里谈道："如果你直到临盆也没有决定到底该采取哪种喂养方式，可以尝试着母乳喂养30天……如果经过30天的尝试，觉得这种喂养方式不如预期的那样好，或者你只是在某种压力下选择母乳喂养，并不是真的想这样做，那么你可以考虑换另一种喂养方式，或者两种方式一起用。重要的是，要找到一种既适合宝宝，也适合你的喂养方式。"这是一段非常人性化的阐述，也是尊重人权的一种态度。而不是像那位专家一味责备不能母乳喂养或者不能纯母乳喂养的妈妈。

我认为我们的医学专家应该针对一些母亲不能纯母乳或母乳喂养作出具体指导，并且检查自己做的是不是尊重了别人，是不是更加人性化指导她们；应该向政府呼吁将政策落实到实处；更应该深刻检讨我们为促进母乳喂养的社会大环境和支持母乳喂养制度的落实去做了什么，而非谴责这些妈妈。

专家提示

如何解决母乳喂养率下滑的问题，我赞成丁宗一教授的观点："我们大多数执行了母乳喂养的方法，取得了很好的成绩。但是，我们对于母亲的营养重视还不太够，对于母乳不足儿童的喂养缺乏一些办法，对于不能进行母乳喂养的儿童，基本上是认识上存在着错误，以为一拿配方粉喂养就是和母乳喂养矛盾。"

三、解决母乳喂养问题的几点建议

我认为解决母乳喂养的办法有以下几方面需要注意。

首先，做到母亲孕前、孕期和产后营养和健康的指导，争取将科学的理念宣传到个人。

其次，延长产假时间，争取产假能够有半年，有利地配合世界卫生组织所提倡的6个月内保证纯母乳喂养。上班后能够有保证继续母乳喂养的社会大环境，确实做到“通过提供赋予权能的最低条件，例如带薪产假，非全日性工作安排，现场托儿所，挤取和储存母乳设施以及母乳喂养间歇时间，可帮助从事有酬就业的妇女继续母乳喂养”。

第三，作为一项硬指标，认真贯彻《女职工保健工作规定》明确提出的“有哺乳婴儿5名以上的单位，应逐步建立哺乳室”。做到有人监管，并将此规定如同纳税一样做到该罚就罚，将规定落在实处。同时在所有公共场所建立哺乳室或挤奶室，努力造就全民支持母乳喂养的社会大环境。

第四，“对于未获得母乳的婴儿，只应由卫生工作者或必要时由其他社区工作者并且只向需要使用这种食品的母亲和其他家庭成员示范适宜母乳代用品的喂养。例如按照适用的食品法典标准制备的婴儿配方食品，或家庭用微量营养素补充物制备的配方食品；并且提供的信息应包括适宜制备的充分说明以及不适宜制备和使用的健康危害”。而不是儿童工作者一提到配方奶粉就认为是在宣传配方奶粉和破坏母乳喂养，使得儿童工作者不敢越雷池一步。

专家提示

不能接受母乳喂养的或者母乳喂养不能获得满足的孩子有权获得除母乳以外、其营养配方能够接近母乳的代乳品。

自从由儿科医生首先研制的配方奶粉问世后，确实造福了一批不能获得母乳喂养的婴儿。我们应该鼓励儿科医生、食品工业研究者以及营养学家共同对母乳代乳品进行创新和改进，以母乳为蓝本，对动物乳成分进行改造，调整其营养成分的构成和含量，添加了婴儿必需的微量营养素，使其母乳代乳品的性能、成分和营养素含量方面越来越接近母乳，为孩子提供最大程度的营养保障，为他们成长作出贡献。

同时家长也有权了解各种母乳代乳品的优点、存在的问题以及如何正确地使用配方奶粉来喂养孩子，并杜绝感染的途径。作为儿童工作者，有责任将人工喂养可能会发生或潜在的一些问题向家长进行宣传，并告知他们应该如何正确地使用配方奶粉，而绝不是像某些人认为的是在“卖奶粉”。

根据联合国粮食及农业组织（FAO）和WHO的食品法典委员会在2006年提出的《婴儿配方粉成分的全球标准》，及时地指导家长正确选择配方奶粉，真正做到世界卫生组织第55届世界卫生大会提出的《婴幼儿喂养全球战略》中所说：“婴幼儿喂养全球战略以尊重、保护、促进和实现公认的人权原则为基础。如同《儿童权利公约》所规定的，营养是儿童享受能获得的最高健康标准权利的一个重要的、普遍公认的组成部分。儿童有权获得充足的营养及安全和有营养的食品，两者对于实现其享受能获得的最高健康标准至为重要。而妇女有权获得适当的营养，决定如何喂养其子女，以及获得能使他们执行其决定的充分信息和适宜条件。”

我特别赞成代表国际劳工组织北京局的黄群女士2012年8月1日在卫生部召开的母乳喂养周媒体倡导会上的发言：“中国的工作中哺乳的现状，所有人，包括政府、工人、雇主，在生育保护方面对母乳喂养的认识是非常缺乏的，监督机制也是非常薄弱的。虽然在法律中有一些保障了哺乳时间的规定，但是由于监督机制的缺失，使法律和实践存在着非常大的差距。对于母乳喂养的支持性制度也非常缺乏，使员工返岗后放弃母乳喂养，包括企业的规章制度、包括通过集体合同来保障员工能够在企业获得哺乳和挤奶设施的支持。在我们国家虽然有一些法律规定，但是私营企业执行法律的效果是非常不好的，我们发现很多在私营企业就业的女性怀孕后自动辞职，根本享受不到生育保护，无法通过法律来保护她们的生育权。”“我们也对中国母乳喂养提出了一些建议。首先是从法律和监督机制上要加强，其次是落实母乳喂养的时间，政府也应该为母乳喂养提供必要设施。其实我们的责任不应该光是在企业，政府也应该在一些公共场所设置母乳喂养站……在工作场所，可以完善企业规章和通过集体合同的形式，将带薪哺乳时间以及哺乳室、哺乳设施、工作安排规范在集体合同和企业的规章中。”

婴幼儿是需要补钙还是需要补充维生素 D

家长和一部分医务人员所说的“缺钙”，实质是维生素D的缺乏。无论是母乳喂养还是人工喂养，出生后不久即应开始补充维生素D。

前一阶段，北京大学公共卫生学院营养学教授李可基和学生在北京市西城区两个保健科的预防接种门诊抽样调查了218个家长，结果高达86%的家长在孩子不到6个月时便开始为其补钙。李可基教授说：“吃母乳再补钙，那是荒天下之大谬。”同时他认为“全世界恐怕只有中国出现这种情况”。

我在新浪育儿论坛义务答疑已经12年了，李可基教授谈到的补钙问题，我几乎天天都要遇到：

“我的孩子有枕秃是不是缺钙呀？”

“我的孩子睡觉不踏实，经常夜间哭闹，是不是缺钙呀？”

“我的孩子出牙晚，是不是因为缺钙呀？”

“去儿保检查身体，医生让我查微量元素，医生说我的孩子钙低、锌低，必须要补钙、补锌，给我开了一大堆补钙、补锌的药。”

“我的孩子夜间睡觉出汗多，可能是缺钙。医生，我孩子该补多少钙？”

“我的孩子个子长得太慢了，是不是与缺钙有关呀？”

“医生说我的孩子发育太快，必须要比别的孩子多补钙才能满足孩子的需要。”

一、孩子到底缺不缺钙

孩子到底缺不缺钙？我们首先要了解钙在体内代谢的情况。

1. 钙在体内的代谢情况

钙是构成人体的重要元素，也是人体含量最多的无机元素。钙占人体体重的1.5%～2%，主要构成人体骨骼和牙齿，其中99%存在骨骼和牙齿中，余下的1%的钙常以结合的或游离的离子状态存在于软组织、细胞外液和血液中，这就是医学上所称的“混溶钙池”。

混溶钙池的钙维持着体内多种正常生理状态，且骨骼钙和混溶钙池钙在体内维持着动态平衡。当血钙降低时，骨骼中大部分的钙可以随时游离出来，以补充血钙的不足，维持人体内环境的稳定，否则血清钙离子浓度低了，就会引起神经肌肉兴奋性增强，而引起手足抽搐；血清钙离子浓度过高了，则会伤害肌肉收缩功能，从而引起心脏和呼吸衰竭。同时混溶钙池的钙还参与镇静神经、人体血液凝固、肌肉收缩和舒张、酶反应的激活以及激素分泌等一系列的功能。因此，可以说，钙对维持这些生理状态起着决定性的作用。

（1）钙的吸收方式

人体摄入的钙主要是在小肠近端吸收。摄入的钙大部分是被动吸收，少部分是主动吸收。

● 当人体对钙的需要量多，可是摄入的钙少时，肠道对钙的主动吸收就增强，但是这个过程需要维生素D的活性代谢产物1.25 $(OH)_2-D_3$

参与。

• 当摄入的钙多，可是机体并不需要那么多时，主要是通过离子扩散方式被动吸收。一般来说，钙摄入量高时，吸收率反而降低。

• 小儿正处于生长发育旺盛时期，钙代谢最为活跃，吸收率也高，而且主要是主动吸收。母乳喂养的孩子，钙的吸收率高达60%～70%，我们成年人只有25%。

（2）促进钙吸收的因素

• 保证膳食中足量的维生素D的摄入或接受阳光照射是否充足，尤其是膳食中钙低时，维生素D的作用就越发重要，直接影响到钙的主动吸收。

• 肠道的酸碱度减低时有利于钙的吸收，例如乳糖发酵。

• 增加钙的溶解物质可以促进钙的吸收。例如某些氨基酸（如色氨酸、赖氨酸、精氨酸）可与钙形成可溶解钙盐，有利于钙吸收。

• 适宜水平蛋白质的摄入、低磷膳食有助于钙的吸收。

• 在吃饭时，尤其是晚饭时补充钙剂更有利于吸收。

• 体育锻炼也是促进钙吸收的重要影响因素。

（3）抑制钙吸收的因素

• 膳食中的植酸（一些谷类食物）、草酸（如菠菜、竹笋）、过高的膳食纤维、高蛋白、高脂肪的饮食都会抑制钙的吸收。例如鲜牛奶是高蛋白质、高矿物盐、高磷的食品，因此不适合婴幼儿食用。

• 高盐饮食也会造成钙的流失。体内钙的平衡是由一套生物控制系统来维持的，即通过甲状旁腺激素、降钙素和维生素D的活动代谢物质1.25 $(OH)_2-D_3$ 来进行调节。这也就是我们一直强调的，为了促进钙的吸收必须要补充维生素D或者进行日光浴，促进肠道钙的主动吸收。

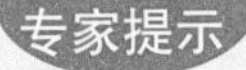
专家提示

对于小儿来说，钙缺乏可以引起软骨病。如果同时伴有维生素D缺乏，就会发生小儿佝偻病。

（4）钙摄入过多引发的问题

• 摄入钙过多可引起高钙尿，这是增加肾结石的重要危险因素。如果膳食中草酸、蛋白质和植物纤维摄入量高，最易与钙结合成肾结石。

• 摄入过量的钙，对一些其他矿物质的吸收有影响。例如高钙摄入可以明显抑制铁的吸收，对于生长迅速的婴幼儿来说显然是不利的。高钙摄入还可以降低锌的生物利用率，因为在肠道中钙、锌相互之间有拮抗作用。高钙摄入也会影响镁的吸收，使血镁水平下降。同时还会影响磷的吸收。钙、磷、镁在体内的代谢也是互相联系和互相影响的。三种矿物质共同在肠道吸收，又共同从肾脏排泄。磷、镁在体内的代谢都要依靠甲状旁腺激素、降钙素和维生素D的调节，三者之间存在着互相竞争的作用。钙与磷的比例为2:1时钙吸收得最好。当摄入的磷过高时，钙和镁的吸收就会减少；当钙摄入增多时，就会影响镁的吸收，造成镁吸收减少。

• 过量补充钙剂还会造成孩子便秘。

（5）钙的排泄

钙的排泄主要是通过三种途径：

• 没有被吸收的膳食钙通过肠道大便中排出。

• 当血钙高时，经过肾脏由尿中排出，尿钙可以验出。如果血钙低时，尿中无钙排出。

• 少部分通过汗液排出，尤其是高温季节。

2. 钙在体内的营养状况

目前，指血、头发以及静脉取血均不能反映钙在体内的代谢情况。因为头发样本要受周围环境污染、头发生长速度、洗涤方法、洗涤剂的种类以及取头发的部位影响，所以利用头发来测定体内的微量元素营养状况是不可取的。通过指血查血钙也是不可取的，因为在取血时很容易将组织液混入其中，其检查结果不准确，更何况钙在体内99%都存在于骨骼中，血钙占全身钙总量还不到1%，而且血钙浓度受到人体严格的调控，除非严重的营养不良或者甲状腺机能亢进时血清钙才会低于或高于正常水平。因此血钙不能反映全身钙营养状况。

专家提示

目前临床多以血清钙、血清磷、血清钙、磷乘积以及碱性磷酸酶作为参考数值。

测量骨密度，目前最好是采用放射剂量低的双能量X线测量。但是由于骨密度个体差异比较大，影响骨密度的因素也多，因此对于检测结果需要综合分析，不能贸然依据骨密度来判定是否缺钙。

3. 如何正确补充钙

根据卫生部推荐、中国营养学会制定的《中国居民膳食指南》（2007年版）：

（1）0～6个月

• 纯母乳喂养的婴儿，每天钙的生理需要量为300毫克。母乳中含有的钙可以满足6个月内婴儿发育的需要，且母乳中的钙吸收率也高。因此，纯母乳喂养的婴儿6个月内不需要额外补充钙剂。

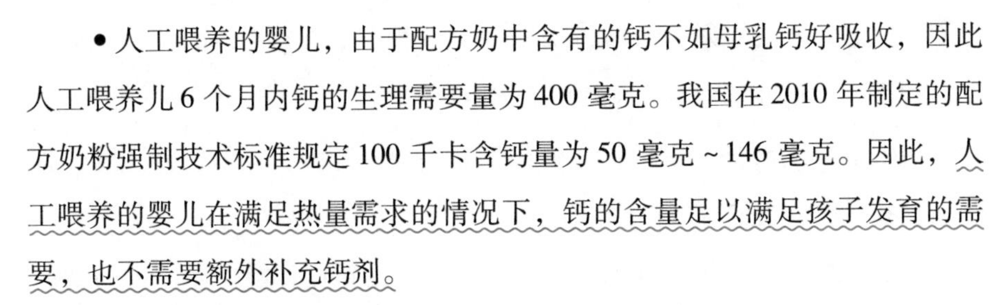

• 人工喂养的婴儿，由于配方奶中含有的钙不如母乳钙好吸收，因此人工喂养儿6个月内钙的生理需要量为400毫克。我国在2010年制定的配方奶粉强制技术标准规定100千卡含钙量为50毫克~146毫克。因此，人工喂养的婴儿在满足热量需求的情况下，钙的含量足以满足孩子发育的需要，也不需要额外补充钙剂。

（2）7~12个月

母乳喂养的婴儿，随着孩子的生长发育和辅食的添加，每天钙的生理需要量为400毫克。因为添加辅食，使饮食中含有的钙增加，能够满足婴儿发育的需要，因此不需要额外补充钙剂。

人工喂养儿，只要保证每天的奶量，正常添加辅食，也不需要额外补充钙剂。

（3）1~3岁

不管是继续吃母乳还是人工喂养，每天钙的生理需要量为600毫克。只要满足孩子每天需要的奶量（保证每天400毫升~600毫升奶量），注意饮食多样化，也不需要额外补充钙剂。

二、“缺钙”的实质是维生素D的缺乏

其实，家长和一部分医务人员谈到的“缺钙”，实质是指维生素D的缺乏。

目前，维生素D有维生素D_2和维生素D_3两种形式存在。对于人体来说，这两种维生素D都是可以利用的。维生素D对于人体能够起到重要的生物效应，主要就是依靠它们在体内的代谢产物1.25（OH）$_2$－D_3的作用。

人体是通过两种途径获得维生素D的：一种是通过膳食摄入，获取维生素D_2或者维生素D_3，然后在小肠与脂肪一起被机体吸收；另一种是经

过阳光中的紫外线照射，人体将皮肤内的一种胆固醇合成为维生素 D_3 被身体利用，这种维生素 D_3 又称为“阳光维生素”。

维生素 D 主要储存在脂肪组织和骨骼肌中，肝脏、大脑、肺、脾、骨骼和皮肤只占体内储存的极少量。

由于维生素 D 与甲状旁腺激素、降钙素共同作用，维持体内钙的动态平衡；同时维生素 D 还具有调节免疫功能的作用，可以改变机体对感染的反应，所以维生素 D 是维持人体生命所必需的营养物质。

母乳中维生素 D 含量并不高，大约每升母乳中平均含有维生素 D 26 国际单位。因此纯母乳喂养的婴儿，如果没有适度的阳光照射，很容易发生维生素 D 缺乏而引起的一些疾病，必须额外补充维生素 D。

对于人工喂养的婴儿，我国 2010 年制定并执行的《婴儿配方食品》强制技术规定：100 千卡应含有维生素 D 42～100.4 国际单位（目前国内，包括进口的婴儿配方奶每 100 毫升奶液中含有的热量多为 67 千卡，医疗用奶例外）。

钙和维生素 D 的生理需要量

<table>
<tr><th colspan="2"></th><th>钙（毫克/天）</th><th>维生素 D（IU/天）</th></tr>
<tr><td rowspan="4">0～6 个月</td><td>母乳喂养</td><td>300</td><td>400～800</td></tr>
<tr><td>人工喂养</td><td>400</td><td>400～800</td></tr>
<tr><td colspan="2">北方寒冷季节</td><td>600～800</td></tr>
<tr><td colspan="2">南方梅雨季节</td><td>400～600</td></tr>
<tr><td>7～12 个月</td><td colspan="2">400</td><td>400</td></tr>
<tr><td>1～3 岁</td><td colspan="2">600</td><td>400</td></tr>
</table>

1. 维生素 D 缺乏

维生素 D 缺乏会造成它在体内的代谢产物 1.25 $(OH)_2-D_3$ 缺乏，因而出现钙的动态平衡失调，而导致一些疾病。对于婴幼儿来说，最主要的就是发生低钙血症和因骨钙化不良、骨骼变形而发生维生素D缺乏佝偻病，维生素D缺乏还可引起手足搐搦症。

维生素D缺乏佝偻病主要表现为：早期易惊、烦躁、多汗，头部因为多汗、摩擦而出现枕秃。出现骨质软化，如颅骨软化、呈乒乓球头颅或方颅、前囟闭合晚、肋骨串珠、肋软骨沟、鸡胸、漏斗胸、腕部手镯、踝部足镯、驼背、脊柱侧弯、O型腿、X型腿，甚至发生骨折。这样的孩子肌张力降低，肌腱松弛，易患肺炎等感染性疾病。

佝偻病多见于生后数月至3岁的婴幼儿，3～18个月为高发期，尤其是冬天和春天生的孩子或早产儿易患病。如果母亲在怀孕期间缺乏维生素D和钙摄入不足者，其新生儿有可能发生先天性佝偻病或者孩子出生后较早发生佝偻病。早产儿、双胎如果接触阳光太少更易发病。

维生素D缺乏性手足搐搦症是指小婴儿发生惊厥，每天发生多次，不伴有发热，不发作时甚至正常。较大婴幼儿和儿童的惊厥多为手足痉挛。严重者可以发生喉痉挛，出现吸气困难\ 窒息甚至猝死。

2. 维生素D缺乏的原因

维生素D缺乏，主要是因为没有及时、合理地补充维生素D以及光照不足而造成的。当然，光照不足与地理环境、季节和气候条件有密切的关系。纬度越高越容易发生维生素D的缺乏，主要是光照不足，像北纬45°的冬天，皮肤合成维生素D几乎等于零，而在热带和亚热带不容易发生维生素D缺乏佝偻病。我国一些多雨、多雾、多阴天的地区，包括严重污染的环境，都容易发生维生素D缺乏。另外，小儿户外活动时间少，或者虽然户外活动，但是衣服几乎完全覆盖皮肤，裸露的皮肤少，也影响皮肤合成维生素D的能力。

近些年，一些时尚的家长，为了防止孩子皮肤晒黑，给孩子涂抹防晒霜。据报道，防晒系数SPF为8的防晒霜可以减少身体95%的维生素D的合成。需要提请注意的是：紫外线是不能很好穿透污染的大气层和玻璃的，因此严重污染地区或者隔着玻璃晒太阳都是造成皮肤合成维生素 D 能力降低的原因。

专家提示

不要隔着玻璃晒太阳。如果是炎热的夏天，可以选择上午 10 点以前，下午 4 点以后，让孩子在树荫底下晒太阳，这样的日光浴一样会起到好的效果。婴幼儿最好不要使用防晒霜，尤其是小婴儿。

虽然通过阳光照射皮肤可以获取维生素 D，但其变化很大，不能完全依赖，所以通过食物或者额外补充维生素 D 是非常必要的。中国营养学会在 2007 年公布的《中国居民膳食指南》特别规定：纯母乳喂养的新生儿生后 1～2 周开始补充维生素 D；人工喂养的新生儿和小婴儿由于配方奶强化了维生素 D，如果孩子摄入配方奶中的维生素 D 不足规定的生理需要量，又不能外出晒太阳，还需要补充不足的部分；如果是早产儿、双胎或者有可能造成维生素 D 缺乏的孩子，需要在专业人员指导下补充维生素 D。

3. 维生素 D 过量也会发生中毒

一般通过食物摄入和阳光照射获得维生素 D 不会发生过量现象，维生素 D 过量主要是一些家长和医务人员认为，出牙晚、多汗、枕秃、烦躁等是缺乏维生素 D 的表现，盲目长期给小儿补充维生素 D 制剂，或者把维生素 D 制剂当作营养药长期服用造成的。维生素 D 具有蓄积的特点，因而发生中毒现象，可出现高血钙、高尿钙以及一些组织器官出现钙化灶，如心脏、肺、血管、肾脏甚至大脑局部区域出现钙化灶。轻度中毒可以发生食

欲减退、恶心、烦躁、呕吐、口渴、多尿以及便秘等，严重的维生素D中毒可致死亡。

专家提示

美国儿科学会2008《佝偻病和维生素D缺乏防治指南》中也建议，所有的婴幼儿，包括母乳喂养或配方奶喂养儿，自出生后不久起每日至少补充400IU维生素D。

我在20世纪80年代就治疗过因基层医生不恰当采用突击疗法，给患儿大剂量注射维生素D针剂而发生的中毒病例。因此，目前治疗佝偻病时尽量避免采用突击疗法，而采取口服治疗。

婴幼儿没有必要进行微量元素检查

目前，国际上对于微量元素的检测并没有一个准确、统一的标准，微量元素检测不应成为儿童的常规体检项目。

自从20世纪80年代后期，我国一些医院开始开展微量元素检测以来，至今微量元素检测已经成了一些医院儿保科和儿科必做的常规体检项目。而一些家长也热衷于微量元素的检查，因为他们更加关心自己孩子的营养状况，经常有家长就检测的结果来问我如何处理。我说："目前所有检测微量元素的方法，结果都不能真实地反映体内常量和微量元素的真实水平，必须要结合临床表现的症状。这些检测的结果不能作为临床诊断的标准，也不能以此作为治疗用药的依据。"

一、营养素检测测什么

从营养学上分类，在人体内含量较多且大于5克、每天膳食需要量都在100毫克以上的元素，如钙、磷、钾、镁、钠、氯、硫7种元素，称为"常量元素"。人体中某些化学元素含量极少，甚至仅仅有微量，但是具有一定的生理功能，必须通过食物摄入，称为"必需微量元素"。

1990年，联合国粮农组织、世界卫生组织、国际原子能机构3个国际组织的专家委员会重新界定：

- 人体必需微量元素：碘、锌、铁、硒、铜、钼、钴、铬8种。
- 人体可能必需微量元素：锰、硅、硼、矾、镍5种。
- 具有潜在的毒性，但在低剂量时可能具有人体必需功能的微量元素：氟、锡、铅、镉、汞、砷、铝、镍8种。

目前检测微量元素主要是检测人体必需的微量元素，如锌、铁、铜，有的医院还检测铅。同时，因为一部分常量元素与孩子的健康密切相关，因此也在检测范围内，例如钙、镁。

我们不妨学习一下一些常量元素和微量元素在体内的分布情况，大家就十分清楚，我们一些医院目前采用的检测方法及检测结果是多么不可靠了。

1. 指血或静脉血检测无法准确反映全身钙元素状况

钙是构成人体的重要元素，也是人体中含量最多的无机元素。钙占人体重量的1.5% ~2%，主要构成人体骨骼和牙齿，其中99%存在骨骼和牙齿中，余下的1%的钙常以结合的或游离的离子状态存在于软组织、细胞外液和血液中，这就是医学上所称的“混溶钙池”。其中血钙在体内的含量还不足1%。混溶钙池的钙维持着体内多种正常生理状态，且骨骼钙和混溶钙池的钙在体内维持着动态平衡：当血钙降低时，骨骼中大部分的钙可以随时游离出来以补充血钙的不足，维持着内环境的稳定。所以，通过指血或静脉血化验全身钙元素的营养状况是不准确的（有关钙的具体内容情况请看本书：婴幼儿是需要补钙还是需要补充维生素D）。

含钙丰富的食物：牛奶、虾皮、干酪、豆腐（盐卤和石膏点的豆腐）、豆干。

2. 检测血清铁无法反映全身铁的营养状况

体内的铁分为储存铁和功能铁。储存铁是以铁蛋白和血铁黄素两种形式存在于肝脏、网状内皮细胞和骨髓中；大多数功能铁是以血红素蛋白质的形式存在，如血红蛋白和肌红蛋白，许多酶也含有铁。所以，通过血清铁反映全身铁的营养状况也是不可取的。

缺铁不但可以造成孩子贫血，而且还造成孩子心理和行为发育的异常，降低了孩子的认知能力，即使纠正了缺铁也难以弥补。缺铁的孩子免疫力和抗感染能力下降，体温中枢调节体温的能力下降。同时，孩子缺铁时，可使铅进入体内的速度提升4~6倍。

目前我国多以血红蛋白含量作为诊断贫血指标，但这不是特异性指标。婴幼儿最容易缺铁，由于婴幼儿生长发育迅速，对铁的需要量相对比较多，如果平时饮食中不注意进食一些含铁多的食品，孩子就会发生缺铁性贫血。孩子一旦发现贫血了，其实已经对一些组织器官造成了伤害。

含铁丰富的食物：动物血、肝脏、鸡胗、牛脊、大豆、黑木耳、紫菜、芝麻酱、瘦肉、蛋黄、猪脊。

3. 1岁以内基本不会缺锌

锌是人体必需的微量元素，参与构成体内200多种含锌酶，是核酸代谢和蛋白质合成过程中重要的辅酶；影响核酸、蛋白质、糖和骨钙的代谢；对性腺发育和成熟有促进作用；促进人体生长发育和组织修复；可提高机体的免疫活性，促进细胞免疫；还有维持正常味觉等重要作用。

锌主要以酶的成分之一存在于人体内，主要分布在人体所有的组织、器官、体液及分泌物中，大约60%储存在肌肉中，30%储存在骨骼中（在骨骼中的锌不易被动用）。血液中含量很少，不到总锌量的0.5%。而且血液锌75%~88%主要在红细胞中，血浆锌只占血液锌的12%~23%，只有3%的血液锌是存在于白细胞和血小板中。当人体锌处于平衡状态时，摄入的锌90%会从大便中排出，其余的由汗、尿和头发排出。

专家提示：通过验血判断全身锌元素的营养状况同样是不准确的，而且营养学界对于锌的营养评价的指标至今没有形成一致的意见。

人初乳中锌含量较高，出生1周后乳汁含锌量下降。但是乳锌含量与孕期和哺乳期母亲膳食锌的摄入量有很大关系，因此乳锌的个体差异很大。小婴儿6个月内从母乳或者配方奶（配方奶都是强化锌的）中获取的锌足以满足孩子生长发育的需要，基本不会出现缺锌的现象。6个月以后随着辅食的添加，家长注意多给孩子吃一些富含锌的食物，孩子从母乳或配方奶中还能摄取一部分锌，因此也不会发生缺锌的现象。

宝宝如果锌摄入不足会发生锌缺乏症，生长发育迟缓，性成熟推迟，嗅觉减退，出现厌食和异食癖，伤口愈合慢，易感染，孕妇早期缺锌可造成畸胎。

锌摄入过多也可引起中毒。一般饮食不会引起锌摄入过量，主要是因为口服和静脉补充大量的锌引起中毒。锌中毒可以引起肠道反应，如上腹疼痛、腹泻、恶心、呕吐。长期补充大量的锌还可以发生其他慢性影响，如贫血、免疫功能下降、高密度脂蛋白下降、一些心肌酶和能量代谢中一些酶受到影响；同时会影响其他2价元素的吸收，如钙、铜、镁等的吸收。当钙、锌、铁同时进入体内时，钙和锌、铁会竞争性地争夺载体蛋白，但是载体蛋白的数量是一定的，因此势必造成钙、锌、铁等2价元素相互间干扰吸收。

含锌丰富的食物：贝壳类海产品，如生蚝、海蛎肉，动物内脏，干果类，谷类胚芽和麦麸、小麦胚粉、山核桃。

4. 婴幼儿一般不会缺铜

铜也是人体必需的微量元素，维持着正常的造血机能，促进结缔组织形成，维护着中枢神经系统的健康，例如参与神经纤维髓鞘的形成和一些神经介质的生成；促进正常黑色素的形成维护着毛发正常组织结构；为皮肤、毛发和眼睛所必需；一些含铜的酶还具有抗氧化的作用。

在人体内50%～70%的铜分布在肌肉和骨骼中，20%分布在肝中，只有5%～10%分布在血液中（血液中的铜主要分布在细胞和血浆之间）。铜主要在肠道吸收，大部分在小肠内吸收。新吸收的铜在血浆中很快消失，大部分被肝脏吸收，少部分被肾吸收。铜被吸收后主要结合白蛋白在身体中运转。铜的排泄通过胆汁到胃肠道，然后与唾液、胃液、肠液通过胃肠道从粪便中排出。妊娠期孕妇储存的铜是一般成年人的5～10倍，完全能够供给胎儿以及母乳喂养的婴儿对铜的需求。母乳和配方奶（配方奶中强化铜）中铜的含量都比较高，添加辅食后注意多吃一些含铜的食物，婴幼儿是不会缺铜的。

铜缺乏可以引起缺铜性贫血，使得含铜蛋白和含铜酶的活性降低；还会引起色素消失，发生心血管病变。通过自然饮食摄入铜不会引起中毒，除非大剂量误食铜盐或者用铜器接触食物和饮料而引起。

目前国际上对于微量元素的检测并没有一个准确、统一的标准。为此，2008年，北京大学第一医院取消了微量元素检测项目，就是因为国内很多检测结果都不理想，根本达不到临床治疗、预防的目的。

专家提示：儿童没有必要一定要进行微量元素检测，微量元素检测不应成为常规体检项目，只要家长注意合理搭配孩子的膳食就可以了。

含铜丰富的食物：牡蛎、贝类和坚果、动物肝、肾、谷类发芽部分和豆类。

二、检测方法影响检测结果

目前，国内检测微量元素大多通过以下3种途径：头发、指血、静脉血。

1. 通过头发检测存在很多问题

如每个人头发的发质、环境的污染、洗涤的方法、使用的洗涤剂、取头发的部位、取头发使用的工具以及化验室内的环境、各家使用的不同的检测仪器都影响着检测的结果。

2. 通过静脉血检查不能全面反映微量元素在体内的真实营养状况

因为很多微量元素存在于血液中只是极少量，有的微量元素甚至还不到身体储存量的1%。静脉血检查（包括采集指血检查）只能反映身体血液中瞬间的必需微量元素和一些常量元素的情况，在采集标本过程中也极易受到污染。因此，化验结果也只能供临床参考。由于取血比较困难，所以目前一些医院多是通过指血检测。

3. 通过指血检查缺点也很多

通过指血检查给孩子造成的痛苦小，但是缺点也很多，如针刺的部位如果进针浅，血液流不出来，化验师通过手挤出血液来，势必会将周围的组织液混入，同时标本极易污染，这样的检测结果肯定是不准确的。

4. 在采集过程中标本存在着交叉污染的情况

各个医院所采用的化验仪器是不同的，化验用的微量元素专用试管是否合格，封闭试管的各种材料是否合格，化验员的专业水平如何，化验室的环境是否符合标准。即使以上都合格，小儿当时的饮食、食物的品种、患有的疾病等各种因素都会影响检测的结果。

5. 某些临床表现并不是营养素缺乏的特异指征

同时，孩子的一些临床表现也不是某些微量元素或常量元素缺乏的特异指征，例如孩子表现乏力、多动、食欲差、伤口易感染等，也不全是缺铁的特异性表现；孩子口腔溃疡、挑食、偏食、消瘦也不是低锌的特异性表现；小婴儿睡眠质量差、夜惊、枕秃、肋缘外翻等也不都是缺钙的特异性表现。

专家提示

正因为这些临床表现往往也是其他疾病的一些临床症状，或者是婴幼儿时期特有的一种正常现象，因此作为临床医生不能以此判断孩子缺乏某种元素，而盲目地让家长给孩子进补。

三、积极防治铅中毒

1. 引起孩子铅中毒的原因

引起孩子铅中毒的原因很多。例如，胎儿会吸收母亲摄入的和从骨骼中释放出的大量的铅，使得孩子未出生就受到铅的损害；小婴儿吸吮母亲涂有含铅化妆品的皮肤或者吸吮母亲被铅污染的乳汁；孩子用的含铅的爽身粉，啃食含铅涂料的玩具和物品；进食含铅的膨化食品、松花蛋和用劣质的搪瓷、釉质炊具蒸煮的食品；尤其是生活在铅污染的环境中，都容易造成孩子铅中毒。虽然目前有无铅汽油，但是不能做百分之百的保证，也不能很快消除被污染的空气。

2. 铅中毒的危害

面对铅的侵犯，婴幼儿是最弱的人群，引起铅中毒的概率远远大于成人，因为孩子的代谢和排泄功能发育不完善，对铅的吸收率是成人的5倍。铅中毒不仅破坏婴幼儿的造血系统，还因为铅附着在骨骼上而影响孩子的生长发育。婴幼儿血脑屏障具有高度的通透性，年龄越小，对铅的通透性越高。在相同条件下，铅对血脑屏障的通透性，婴幼儿是成人的18倍。铅

对神经系统有特别的亲和力，因此铅中毒会严重影响孩子神经系统的发育，使得孩子智力低下。同时，心血管系统、泌尿系统也会受到影响。由于铅中毒是一个慢性的发展过程，中毒症状不是特别明显，往往是非特异性症状（这些症状也可以在许多常见病或身体不适时出现，不仅仅是只有铅中毒才特有），所以人们往往忽略了婴幼儿铅中毒的实际状况。

3. 铅中毒的诊断

铅中毒诊断依照血铅水平分为5级：

Ⅰ级：血铅<10ug/dl，相对安全（已有胚胎发育毒性，孕妇容易流产）

Ⅱ级：血铅10~19ug/dl，代谢受影响，神经传导速度下降。

Ⅲ级：血铅20~44ug/dl，铁、锌、钙代谢受影响，出现缺钙、缺锌、血红蛋白合成障碍，可能有免疫力低下、学习困难、注意力不集中、智力水平下降或体格发育迟缓。

Ⅳ级：血铅44~69ug/dl，可出现性格多变，易激怒、多动症、攻击行为、运动失调、视力下降、不明原因的腹痛、贫血和心律失常等中毒症状。

Ⅴ级：血铅>70ug/dl，可导致肾功能损害、铅性脑病（头痛、惊厥、昏迷等）甚至死亡。

4. 铅中毒的防治

• 不要带孩子到汽车多的马路上玩，尽量去空旷的有绿色植物的场地。

• 勤洗手，不要让孩子养成啃食异物或吃手的习惯。

• 不吃含铅的食品，不用含铅的物品。

• 水果、蔬菜清洗干净再进食，水果尽量削皮后食用。

• 多喝牛奶，增强铁、锌、硒、铜、镁以及纤维素的摄入，以减少铅的吸收。

- 家庭装修要用环保材料，减少家庭中的铅污染。

专家提示

如果孩子有不明原因哭闹、拍头、腹泻、贫血或通过末梢血查出铅中毒，一定要去驱铅专业门诊确诊。不要自己乱用药，更不要轻信一些商业宣传。市面上的排铅保健品十几种，但几乎都没经过严格、科学的科研和实验。

锌剂是治疗药物不是保健品

过多地补充锌剂不但人体无法吸收，还会影响铁、钙、铜等元素的吸收。食物是锌的最佳来源，我不认可通过补充锌剂来满足孩子对锌的需求。

我平时在网上与妈妈们进行交流互动时，发现有些妈妈很喜欢给孩子吃保健药物或者药膳。她们认为要想孩子身体好、发育得好，就应该吃一些保健品或补品，尤其是营养方面更是重视。因此，当看到孩子不爱吃饭或者在儿保体检时发现微量元素锌“缺乏”时，不少妈妈都热衷于给孩子补充锌剂，当然也与一些医护人员推荐有关。

一、过量补锌可引起中毒

锌是人体生命中必需的营养素之一，是人体内仅次于铁含量的微量元素。锌是人体多种酶和活性蛋白的必需因子，对维持机体细胞膜的稳定性起着十分重要的作用，并可以提高人的认知能力和中枢神经系统活力，增强免疫功能，也是遗传代谢以及维持正常味觉和视力必不可少的。缺锌可以引发一系列的疾病，如生长停滞、青春期性发育迟缓、厌食、异食癖、免疫功能低下、易感染、皮肤黏膜表现异常、伤口长期不愈。如果孕妇缺锌，则可能造成胎儿宫内发育迟缓，引起维生素 A 代谢异常从而引起夜盲、夜视困难等。

锌在人体内分布很广泛，是以酶的组成成分存在于人体内，目前已知体内 300 多种酶含有锌，几乎所有的组织、器官、体液以及分泌物中都含有锌，含量比较高的有肝脏、骨骼肌、皮肤、毛发、指甲、眼睛和前列腺等。骨骼和毛发中的锌比较固定，不易被机体代谢或组织所利用。成人的血液中含锌量很少，只占全身总锌量的 0.5%，而且血液中的锌主要存在于红细胞内（占血液锌的 75% ～88%），血浆锌只占血液锌的 12% ～23%。

锌的吸收主要是在十二指肠和近端小肠处。进入体内的锌大部分与高分子蛋白质结合，另有一部分与金属硫蛋白结合。当机体对锌迫切需要时，这些蛋白质释放出锌，与血液中的白蛋白结合，进入到血液循环中，也有部分锌与运铁蛋白结合转运到血液中，锌的吸收率就会上升。当体内的锌处于平衡状态时，过多摄入的锌（包括膳食或者额外补充的锌剂）90%通过粪便排出体外，其余由尿、汗、精液、皮屑和头发中排出体外或者丢失掉。膳食中富含植酸、草酸盐、膳食纤维、多酚（单宁）的食物会抑制锌的吸收。

正因为锌是通过以上途径在体内进行运输和吸收，如果过多地补充铁剂、钙剂就会降低锌的吸收率；反之，补充过多的锌剂不但不会吸收还会降低铁和其他 2 价元素，如铜、锰、钙等的吸收，造成这些营养素吸收障碍。而且过量补充锌也会造成胃肠道不适、腹泻、恶心、呕吐。一般膳食中的含锌量不会引起中毒，但是如果通过药物补充就有可能出现锌中毒。急性锌中毒可以引起惊厥、昏迷、脱水和休克，以致死亡。慢性锌中毒则表现为食欲不振、精神萎靡、血清铁和血清铜下降以及顽固性贫血。

二、影响锌检测结果的因素很多

目前，在临床诊断过程中，曾经使用过血清锌、白细胞锌、红细胞锌、发锌和唾液锌作为锌的营养状况评价指标，但是都不能完全反映体内锌的营养状况。目前国际上对于微量元素的检验并没有一个准确、统一的标准。因为影响微量元素测定结果的因素很多，所以通过静脉血、指血以及头发锌检查锌的营养状况进行评价是不准确，也是不可靠的（包括其他一些微量元素和常量元素也是不准确的）。同时微量元素的测定也会受到环境以及操作条件所影响。例如发锌会受到头发清洁程度、发质、个体生长发育程度和环境污染等多种因素的影响，因此不能很好地反映锌的营养状况；而指血检查锌也不准确，因为血液中含锌量本来就极少，而且大部分是储存在红细胞内，在工作人员采血过程中会混有组织液，就使原本含量极低的血锌测试出来的结果会更低。

专家提示

作为家长或者医护人员应该有清醒的头脑，慎重对待营养性锌缺乏病的问题。医生不能仅凭指血、头发，包括静脉血检查结果进行诊断，还要结合临床症状认真进行检查、确诊才能给予锌剂治疗。

作为家长，更要慎重对待，因为补充锌剂是治疗手段，而不是吃保健品那样简单的事情。如果确实需要补充锌剂也建议使用单纯的锌制剂，不要使用复合药物，例如锌与其他元素组成的药物，这样很容易造成体内营养素的失衡。

三、食物是锌的最佳来源

日常生活中如何能够满足宝宝对锌的需求呢？其实很简单，对于婴儿来说，母乳喂养对预防缺锌有利。人的初乳锌含量高于成熟乳的3～4倍。人乳中锌的生物利用率比大豆蛋白、牛乳都高。当然，人乳中锌的含量个体差异是很大的，主要与受孕期和哺乳期妈妈膳食锌的摄入有密切关系。目前配方奶都已经强化了适量的锌。孩子要按时添加辅食，注意辅食种类合理搭配，提倡自然食物、均衡膳食。只要膳食结构合理，保证做到每天动物性食物、蔬菜、水果、谷类食物的摄入，适当地添加粗粮，做到粗细搭配，保证这些食物不缺就可以了。

我不认可通过补充某些锌剂来满足孩子生长发育过程中对锌的需求。

含锌量丰富的食物

食物	含锌量	食物	含锌量	食物	含锌量
生蚝	71.20	山核桃	12.59	蝎子	26.70
海蛎肉	47.05	猪肝	11.25	马肉	12.26
鲜赤贝	11.58	口蘑	9.04	螺、蛳	20.27
牡蛎	9.39	芝麻	6.13	奶酪	6.97
蚌肉	8.50	乌梅	7.65	香菇	8.57
小麦胚芽	23.40	黄蘑	5.26	地衣	5.00

——摘自中国营养学会编著《中国居民膳食营养素参考摄入量》

益生菌不能滥用

益生菌不是保健药物，更不是万能药。生长发育中身体健康的孩子，完全没有必要额外补充益生菌。

在我与家长的接触中，发现一些家长非常喜欢给孩子吃益生菌制剂，不管是孩子不爱吃饭、积食，还是腹泻、便秘、过敏性疾患，甚至体弱多病也要吃益生菌来增加抵抗力。益生菌几乎成了逢病必用、包治百病、无病强身的灵丹妙药。除了商家的大力宣传以外，一些医生也频频地向家长推荐益生菌制剂，使得家长走入滥用益生菌的误区。但是，对于滥用益生菌的危害和副作用却很少有人提起，这不得不引起我们的警惕。

一、什么是益生菌

2001 年，联合国粮农组织和世界卫生组织将益生菌定义为：给予一定数量的、能够对人体健康产生有益作用的活的微生物制剂。

地球上的微生物很多，这些微生物包括细菌、支原体（衣原体）、立克次氏体和病毒，等等。与人体伴随终生的微生物恐怕就属细菌了。一个正常成人体内的细菌大约是 1000 万亿个，一个人体内细菌的重量为 1 千克 ~2 千克。人体的细菌从数量上和功能上起最大作用的当属生活在结肠和直肠里的细菌了，胃和十二指肠几乎没有细菌。

胎儿的肠道内是没有细菌的，出生后细菌很快从开放性器官——皮肤、眼睛、鼻子、耳道、口腔、上呼吸道以及肛门等处进入人体，到出生第三天，细菌数已接近高峰，逐渐立足、繁殖并建立微生态平衡。纯母乳喂养的宝宝，因为母乳中含有乙型乳糖和低聚糖，所以肠道的细菌主要是双歧杆菌和乳酸杆菌。

小儿消化道的细菌有益生菌，像双歧杆菌、乳酸杆菌等；也有致病菌，像沙门菌、志贺杆菌、葡萄球菌等；还有一些条件致病菌（又称双向性菌群），像大肠杆菌、肠球菌等。这些条件致病菌为数不多，但长期存在于肠道中，一般是无害的，但是如果小儿患有严重营养不良或者菌群失衡就可能引起疾病，甚至还会发展为难以控制的感染性疾病。

益生菌多为厌氧菌，致病菌或条件致病菌多为需氧菌。正常情况下，小儿体内细菌构成一定比例，其中厌氧菌——双歧杆菌占95%、乳酸杆菌占1%，其他厌氧菌占3%；需氧菌（大肠杆菌、肠球菌、葡萄球菌等）所占比例不足1%。体内厌氧菌占绝对优势，几乎是需氧菌的1000倍，因此可起到保护肠道健康的作用。

益生菌对于人体健康起着非常重要的作用。肠道益生菌含有各种酶，可以水解蛋白质，分解碳水化合物，使脂肪皂化，溶解纤维素，合成人体需要的维生素K和B族维生素。

人体是一个可以自己生产益生菌的大工厂，吃进的食物经过肠道消化、分解和发酵，可产生大量的益生菌群，这是人类肠道与生俱来的生理功能。普通人对益生菌的需求量并不是很多，在正常情况下，人体还能自行调整体内的菌群平衡。但是腹泻患儿由于微生态严重失衡，其中需氧菌与厌氧菌比例接近1:1，因此肠道失去了厌氧菌的屏障和保护作用，所以腹泻发生。

二、益生菌不是万能补药

对于发育中的正常孩子来说，完全没有必要额外补充益生菌，益生菌不是保健药物，也不是补药，更不是万能药。

益生菌主要用于两种情况：一种是因为长期使用抗生素，使得抗生素不但杀死了致病菌，同时也杀死了与之同存的益生菌，因此需要补充益生菌以重新建立体内微生态屏障；另一种就是因为腹泻造成大量益生菌丢失，失去制约的致病菌或者条件致病菌此时引发疾病，造成肠道菌群失衡，所以为之补充益生菌，重新建立肠道菌群平衡，维护肠道健康。即使应用益生菌也是在医生指导下短期使用，不能长期使用。

有人谈到益生菌可以预防和治疗一些过敏性疾患，如哮喘、过敏性鼻炎、异位性皮炎等。事实是，经过临床研究结果显示，益生菌对改善哮喘病临床症状无任何功效。医学界对益生菌改善过敏性鼻炎的疗效仍持质疑的态度。益生菌在异位性皮肤炎的治疗作用医学界还没有定论。

三、长期使用益生菌会对人体构成潜在危害

医学研究证明，人体长期使用人工合成的益生菌产品会促使肠道功能逐步丧失自身繁殖益生菌的能力，久之人体肠道便会产生依赖性，医学上称之为“益生菌依赖症”。而一旦患上益生菌依赖症，终生都将依靠和使用人工合成的口服益生菌产品来维持生命的健康状态。

一些医学专家还提出，益生菌的过度使用可能成为孕育超级病菌的新温床。由于许多乳酸菌对抗生素具有多重抗药性，通过与病原菌的共同生活、接触，很可能将自身携带的抗药性基因传递给病原菌，使之获得抗药

性而成为超级病菌，导致感染时可能无药可医。其他可能的副作用还包括影响醣类与脂肪的代谢功能以及免疫功能失调等。

美国卫克佛瑞斯特大学（Wake Forest University）医学院小儿科阿菲纳许·雪提（AvinashK·Shetty）博士研究团队研究指出，虽然益生菌在健康的人身上或有益处，如有助减缓儿童腹泻疾病，不过像免疫不全、免疫低下患者，或者极度虚弱的人在使用益生菌时要特别留意感染风险，益生菌很可能留在血液中，进而引起败血症、心内膜炎等疾病。

四、如何刺激小儿体内产生更多的益生菌

1. 最好的方式就是母乳喂养

母乳喂养是一个有菌喂养的过程，因为乳房的乳管中含有正常的益生菌群，通过母乳喂养可以将正常菌群传给孩子，让孩子尽早建立肠道的正常菌群；同时母乳中含有双歧因子，双歧因子在母乳中的低聚糖（即为益生元，母乳中的低聚糖有100多种）作用下，生成双歧杆菌或乳酸杆菌。双歧杆菌不但定植在大肠中，而且能够迅速繁殖起来。这些益生菌通过酵解乳糖和低聚糖，其代谢产物为酸性物质，可以起到制约致病菌的作用。同时母乳中的低聚糖还可以与肠道致病菌竞争肠上皮黏膜细胞的受体，并对致病菌产生的毒素起直接抑制作用。对于不能母乳喂养的婴儿，最好选择富含低聚糖的配方奶粉。低聚糖又称益生元，可以起到调整肠道菌群微生态平衡的作用，例如低聚果糖可以起到增殖双歧杆菌的作用。

2. 食品多样化，注意富含膳食纤维的食物的摄入

如含麸子比较多的麦粉、粗粮、薯类、豆类、蔬菜（菜苗）、水果、魔芋、海藻等植物性食品，这些食物富含可溶性膳食纤维，有助于肠道益生菌的繁殖和发展，可调节肠道菌群平衡。不要过多摄入动物性食物，因

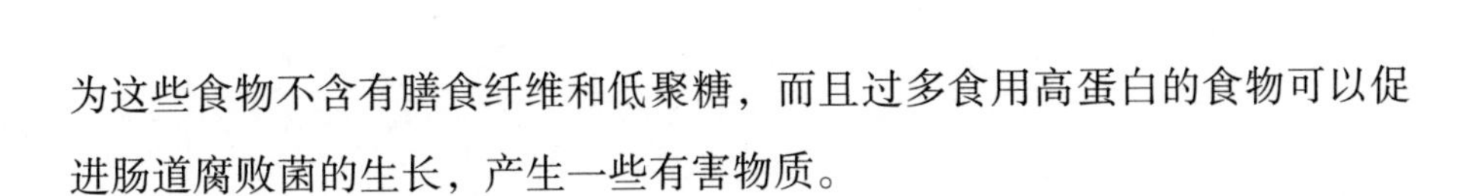

为这些食物不含有膳食纤维和低聚糖，而且过多食用高蛋白的食物可以促进肠道腐败菌的生长，产生一些有害物质。

3. 正确使用抗生素

抗生素不但可以杀死致病菌，同时也是益生菌的杀手，尤其是广谱抗生素。滥用抗生素就会杀死益生菌，破坏肠道菌群平衡，尤其会增强细菌耐药性，从而衍生超级细菌，使患者无药可用、不可治疗。因此，使用抗生素的原则是：能用窄谱的就不用广谱的，没有明确病原菌可以使用广谱的，一旦明确病原就要选用敏感的窄谱抗生素；能用低级的就不用高级的；能用一种解决问题的就不用两种，轻度和中度感染不建议联合用药；一旦需要使用抗生素，就要用够剂量、用够疗程，不能随便停药。

4. 减少不必要的医学检查手段

例如放射检查和治疗也会对肠道菌群平衡造成严重破坏。

5. 注意个人饮食卫生

杜绝一切可能造成致病菌侵入的不卫生环节。

在此声明：本文并不是说益生菌不好，也不是告诉大家益生菌不能用，而是告诉大家应用益生菌有它的适应症，不能滥用。如果把它当作补药和保健药物长期给孩子服用就大错而特错了。同时也要提醒家长，即使孩子需要服用益生菌，也要注意益生菌制剂中细菌的数量和活菌的数量，而且有的益生菌株不能经受胃酸（强酸环境）和肠液（碱性环境）的腐蚀，结果吃进的益生菌不能活着到结肠，更谈不上繁殖了，吃了也是白吃！

不要把食物不耐受误认为是食物过敏

食物不耐受与过敏同为变态反应，但发病机理并不相同。食物不耐受有时效性，而食物过敏则可能是终生的。

现在越来越多的孩子被带上“过敏”的帽子，食物过敏问题逐年扩大，不仅体现在过敏人数的增长上，也体现在食物致敏原的增加上。

1999 年，国际食品法典委员会第 23 次会议公布了常见致敏食物的清单，包括 8 种常见的和 160 种较不常见的过敏食物。临床上 90% 以上的过敏反应由 8 类高致敏性食物引起，这些食物包括蛋、鱼、贝类、奶、花生、大豆、坚果和小麦；其他食物如猪肉、牛肉、鸡、玉米、番茄、胡萝卜、芹菜、蘑菇、大蒜、甜辣椒、橘子、菠萝、猕猴桃、芥末……几乎所有新引进的食物，包括水果在内，都可能让一部分孩子出现过敏症状；而成分复杂的食品添加剂、转基因食品，更让人感觉过敏防不胜防。

患上综合过敏症状的孩子，人数越来越多，而且引起孩子过敏的食物谱系越来越宽泛，因此常常被终生限制不能吃这种食物，不能用那种物品。可怜巴巴的孩子只能对这些美食垂涎三尺，却无福享受。

一、不要轻易给孩子扣上“过敏”的帽子

很多孩子出生后（或者添加辅食后）表现出对某些食物的不良反应，如出现湿疹、红斑、皮肤瘙痒，以及不同程度的腹痛、便秘、腹泻、腹部饱胀等肠易激综合征，于是家长和医生就给孩子扣上一顶过敏体质的帽子，对可疑食物退避三舍，家长小心翼翼、备加呵护，唯恐触动这颗埋藏着的“隐形炸弹”。

盲目禁食使孩子的食谱过于单调。世界上没有任何一种食物能够具备所有的营养素，因此孩子摄入的食品种类大大减少，如果家长食物制作的水平再不高，不但不能让孩子享受更多的美味，让吃成为人生中的一大乐趣，而且给患有食物过敏症的孩子带来的是营养不良，严重影响孩子的生长发育。

其实，这些孩子并非都是对某种食物过敏，而是与过敏同为变态反应性疾病但发病机理并不相同的食物不耐受。

目前，专家们对食物不耐受的产生原理仍然存在分歧，但是其存在的事实及产生的后果是公认的。专家们都一致认为，食物不耐受属于一种复杂的变态反应性疾病，会引起全身各个系统的伤害。食物不耐受的患者也可以出现与过敏相同的一些症状，在临床上难以区分。

营养学家曾对2567个怀疑有食物不耐受的人进行调查，发现其中44%的人出现慢性腹泻、腹痛、溃疡、消化不良，16%的人皮肤出现皮疹、红斑、皮肤搔痒，12%的人有偏头痛、失眠，10%的人患哮喘，7%的人出现肌肉骨骼症状关节痛。英国过敏协会也统计得出，人群中有高达45%的人对某些食物产生不同程度的不耐受，婴儿与儿童的发生率比成人还要高。因此，有理由相信，在诊断为对某种食物过敏的儿童中可能是食

物不耐受。

专家提示

通过检测特异性IgG抗体，可以判断人体是否是食物不耐受，找出疾病的真正原因。

食物过敏与免疫球蛋白E相关，属于Ⅰ型变态反应；食物不耐受与免疫球蛋白G相关，属于Ⅲ型变态反应。前者发病快，在1小时内发病，症状明显且严重；涉及的食物通常只有1~2种，多为不常见的食物；属于急性病；以儿童多见，成人相对比较少见；在日常生活中容易引起人们的关注；在临床上通常以药物治疗为主。后者症状比较隐蔽，2~24小时内发生，甚至在数月或数年以后发病；可以涉及多种食物，各个年龄段的人都可以患病，属于慢性病。在平时，人们通常认识不到它的存在，因此被称为人体健康的隐性杀手；在临床以调整饮食治疗为主。

二、食物过敏及应对方法

食物过敏是因为婴幼儿免疫系统对一些食物视为入侵性的食物，因此释放清除这些入侵食物的抗体，同时还会释放一种组织胺物质和一些其他化学物质，从而引起过敏反应。食物过敏的临床表现多种多样，最常见的是消化道症状、皮肤黏膜症状和呼吸道症状，严重者可引起过敏性休克而危及生命。

0~6个月龄小婴儿的食物过敏患病率最高，临床上以胃肠道症状为主要表现，包括持续性肠绞痛、呕吐、腹泻和便血。这些症状可突然发生，也有可能很轻微。过敏性休克是最严重的食物过敏反应，可危及生命。

专家提示

6个月龄以上婴儿和幼儿除了胃肠道症状外，主要还表现为皮肤损害，如湿疹、多型性疹等。

1. 引起婴幼儿食物过敏的主要影响因素

（1）遗传因素

遗传因素在过敏性疾病中起主要作用。父母中一方有过敏性疾病，其子女食物过敏患病率为30% ~50%；若父母双方均患有过敏性疾病，其子女患病率则高达60% ~80%。

（2）喂养及辅食添加因素

母乳喂养时间过短和辅食添加不当与食物过敏关系密切。科学家经过研究发现，纯母乳喂养4个月以上和部分母乳喂养6个月以上的婴儿患哮喘、过敏性皮炎和过敏性鼻炎的危险性显著降低。母乳喂养保护婴儿免受多种过敏性疾病的困扰，这种保护作用可持续到2岁以上。4个月内添加辅食的婴幼儿发生食物过敏的危险性是晚加辅食者的1.35倍。

（3）孕期和哺乳期因素

食物过敏患者如在怀孕期间摄食含有可致敏食物的膳食，其新生儿发生食物过敏的危险性增加；孕期吸烟者所产婴儿发生食物过敏的危险性增加；哺乳期妈妈进食一些容易引起孩子过敏的食物也会导致孩子过敏。

（4）早产儿、足月小样儿

由于免疫屏障发育不完善，这类新生儿更易发生食物过敏。

2. 预防是避免婴幼儿食物过敏的关键

饮食是引起儿童过敏性疾病的重要原因。例如喂牛奶的小孩出现过敏症的机会是喂母乳的4倍。有一些父母在婴儿早期食品中，除一开始就用牛奶喂食外，又添加鸡蛋、虾等动物性蛋白质，由于婴幼儿胃肠功能不够健全，因而未能完全消化动物性蛋白，而不完全消化的动物性蛋白，会使有过敏体质的婴儿增加过敏的概率。

对于食物过敏没有任何根治的方法，也没有任何药物可以进行根治，唯一的方法就是避免进食那些引起过敏的食物。

（1）坚持母乳喂养

纯母乳喂养最好坚持6个月，6个月以后还可以继续母乳喂养到2岁。

（2）建议6个月开始添加辅食

首先添加的是含铁米粉，而不是蛋黄，尤其对于有过敏性疾病家族史的孩子尤为重要。添加辅食必须一种一种地添加，每添加一种新的食物需要观察3～4天，没有不良反应再添加另一种新的食物。

（3）有过敏家族史的妈妈应避免致敏食物

有过敏家族史的孕妇，可以避免新生儿血浆中出现较高的IgE而导致各种变态反应性疾病。

乳母在哺乳期避免进食导致过敏的食物，以免引起婴儿过敏。建议推迟断母乳的时间，推迟添加奶制品、蛋、鱼、坚果和豆类的时间，可以降低婴幼儿发生食物过敏和减轻过敏症状。

对因各种原因不得不采用混合喂养或人工喂养的、具有过敏家族史的新生儿或小婴儿建议开始添加配方奶时，首选部分或者完全水解配方奶，可有效降低食物过敏发生率或减轻症状。

专家提示

人工喂养或混合喂养的孩子，如果对牛奶蛋白过敏，虽然可以选择以大豆为基质的配方奶粉，但是有的孩子同时也会对大豆蛋白过敏，因此最好选择深度水解的配方奶粉或氨基酸奶粉。

(4) 婴幼儿发生食物过敏建议去医院免疫科做进一步诊断

去医院就诊可以确诊过敏原，避免进食这种食物。家长在给孩子购买食物时，一定要检查配料表中是否有引起孩子过敏的食物，外出吃饭同样也需要注意食品、菜品中是否含有引起孩子过敏的食物。

(5) 家长要学会食物替代法

为了避免过敏孩子发生营养不良，家长既不能盲目给孩子禁忌一些食物，同时也要学会采用其他的具有同样营养价值的食物来代替致敏的食物。

(6) 二手烟和三手烟的环境也是促发孩子过敏性疾患不可忽视的因素

为了减少婴幼儿过敏性疾患的发生，要杜绝家庭二手烟和三手烟的环境，要减少带孩子去这样的公共场合。

此外，专家建议，对于食物过敏的诊断不可凭家长的主观臆断，建议及早带儿童前往专科医院接受严格监测。专业机构对儿童食物过敏的诊断包括询问详细的家族史及喂养史，皮肤点刺试验和特异性血清 IgE 检测。对那些特异性血清 IgE 检测呈阴性的患儿，还可以进一步做斑贴试验。

专家提示

通过专业诊断和定期评估可以帮助家长了解儿童食物过敏的内因，确保儿童免受过敏症状的困扰。

随着年龄的增长，部分儿童可能会自然脱敏，即对某种食物不再起过敏反应。发病率随年龄的增长而降低。例如，一项对婴儿牛奶过敏的前瞻性研究表明，56%的患儿在1岁、70%的患儿在2岁、87%在3岁时对牛奶不再过敏，但对花生、坚果、鱼虾则多数为终生过敏。不过，当家长向儿童提供常引起过敏的食物时还是应该慎重。建议应从少量开始，无不良反应后再逐渐增加，以免旧病复发。

此外，家长还要密切注意宝宝在成长过程中可能发生的如哮喘、鼻炎等其他过敏症状。

三、食物不耐受及应对方法

婴幼儿发生食物不耐受是比较多的。当小儿进食某种食物，如大米、胡萝卜、牛奶、鸡蛋等，出现腹痛、腹泻、湿疹、荨麻疹、关节疼痛等情况时，很多人都会考虑到孩子可能是对这些食物过敏而盲目地禁食，其实很有可能是食物不耐受。

1. 发生食物不耐受的原因

对于食物不耐受发生的原因，一部分专家认为，食物不耐受是人体的免疫系统把进入人体内的某种或多种食物当成有害物质，从而针对这些物质产生的过度保护性免疫反应，产生食物特异性IgG抗体，IgG抗体与食物颗粒形成免疫复合物，从而可能引起所有组织发生炎症反应，并表现为全身各系统的症状和疾病。

还有一些专家认为，食物不耐受是体内缺乏消化某些食物的消化酶，或者酶的活性低，而导致某些食物不被人体肠道完全消化，产生的食物不良反应。它虽然属于食物不耐受，但它不涉及免疫反应。例如，有的人进食牛奶或奶制品后出现胃肠道反应，如腹泻、腹痛等，就是因为体内缺乏乳糖酶或者乳糖酶活性低引起上述症状，这便是乳糖不耐受。

2. 食物不耐受具有时效性

人体的免疫系统对某种物质的应激反应是有时效性的，去掉外来刺激（即禁食不耐受的食物）后，机体中的特异性抗体会慢慢消失，从而使身体逐步恢复正常。大多数人在经过6个月以上的禁食，待症状完全消退后，在医生的指导下，大部分食物可以采用科学的方法重新接受，只有极少部分的孩子仍然存在不耐受症状。

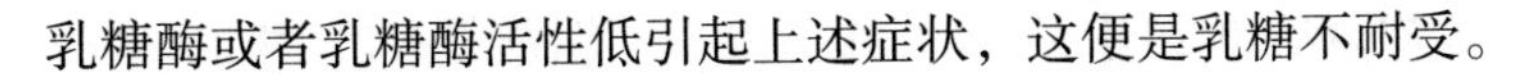

专家提示

恢复不耐受的食物时，先恢复营养价值高但不耐受程度低的食物。应先选择这种食物的一种简单制品，每次只能恢复进食一种不耐受的食物，确定没有不良反应时才能再加下一种。

因此必须区分是食物过敏还是不耐受，因为食物过敏的孩子对过敏的食物可能需要终生禁食，而食物不耐受有可能重新恢复，重新接纳不耐受食物的摄入。

3. 乳糖不耐受

对于婴幼儿来说，对碳水化合物不耐受也是多见的，例如对乳糖不耐受。人类的小肠绒毛有很多水解碳水化合物的消化酶，这些消化酶需要到孩子2岁才发育完善。其中最多见的是乳糖不耐受，乳糖不耐受包括：

（1）先天性乳糖酶异常

有的孩子从出生就具有乳糖酶缺陷和异常，例如先天性乳糖酶缺乏症，这是一种常见的染色体隐性遗传病。

（2）获得性乳糖酶异常

乳糖酶活性随年龄逐渐降低，新生儿期的乳糖酶的活力比周岁的幼儿约高2～4倍，3岁以后更是明显下降，至青春发育期则仅有出生时水平的5%～10%。成人易发生的乳糖不耐受，为获得性异常，又称为“迟发型乳糖不耐受”，所以一些成人吃了含有乳糖的牛奶就会出现腹痛、腹胀、腹泻等消化道症状。

（3）继发性乳糖酶异常

临床上我们常常遇到的是婴幼儿的继发性乳糖不耐受。

一些孩子由于肠道疾患，例如长期腹泻，造成小肠绒毛损害。乳糖酶主要位于小肠绒毛的顶端，凡是能够引起小肠绒毛受损的疾病，都可以继发乳糖酶缺乏，而且病变严重、广泛，严重地影响了乳糖的吸收。小肠不能降解的乳品中的乳糖，累积到小肠末端，并由肠道菌群发酵生成大量的气体和有机酸。肠道中高浓度的糖及其代谢产物造成渗透压增高，在肠腔内吸附了大量的水分，不仅使大便含有糖分和呈酸性，导致腹胀、腹泻以及放屁等症状而发生继发性乳糖不耐受。而且，这样的患儿如果继续吃含有乳糖的奶粉就会腹泻不止，久治不愈。继发性乳糖不耐受的患儿从开始治疗到完全恢复需要的时间比较长。

专家提示

先天性乳糖酶缺乏的患儿出生后就要选择不含乳糖的配方奶粉，直至正常饮食后停掉乳类食品。在治疗上也可以服用乳糖酶制剂。

继发性乳糖不耐受的患儿也需要停掉含有乳糖的奶类（母乳或含有乳糖的配方奶），改吃不含乳糖的腹泻奶粉，待大便正常后需要继续进食腹泻奶粉2～3周，也可以延至1个月后再逐渐改回原来的母乳或配方奶。因为乳糖酶恢复需要较长的一段时间。

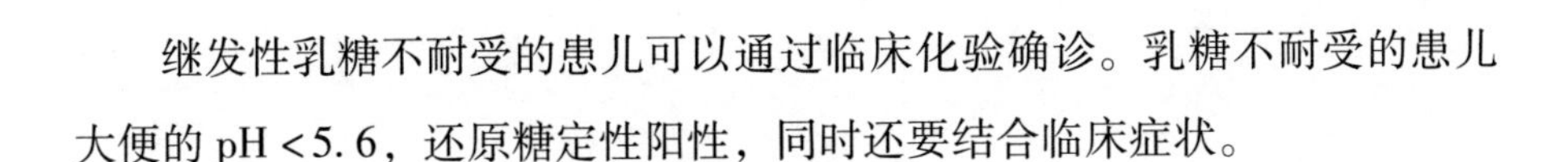

继发性乳糖不耐受的患儿可以通过临床化验确诊。乳糖不耐受的患儿大便的 pH < 5.6，还原糖定性阳性，同时还要结合临床症状。

专家提示

孩子只要进食含有乳糖的食物就会引起腹泻，且体重迅速降低，则可能是继发性乳糖不耐受。

根据检验 IgG 的结果，可以做出这些处理：< 50u 为正常；+ 尽量少吃不耐受的食品或者在正常进食情况下减少吃的次数；+ + 轮换进食或间隔一段时间后可以进食不耐受的食物；+ + + 严格禁食，半年后再次检测 IgG，根据检测情况考虑是否可以进食不耐受的食物。

漫谈婴幼儿睡眠问题

如果家长了解孩子睡眠发生的机理，就会清楚自己应该如何对待孩子睡眠出现的问题，如何帮助孩子养成良好的睡眠习惯。

婴幼儿时期孩子出现的睡眠问题常常困扰着家长，一些家长抱怨自己的孩子睡觉不踏实，不但夜间频频醒来，而且入睡也非常困难，甚至必须要抱着、摇晃着、含着奶头，搞得大人苦不堪言，孩子生长的速率也受到了影响。

其实，小儿睡眠有他的独特发育特点，如果家长了解孩子睡眠发生的机理，就会清楚自己应该如何对待孩子出现的睡眠问题，以及如何帮助孩子养成良好的睡眠习惯，睡眠问题就会迎刃而解。

一、睡眠的重要作用

睡眠对人的生命十分重要，与进食、呼吸同等重要。如果长期剥夺睡眠，对机体的各项功能将是毁灭性的打击。人的一生中有 1/3 的时间是在睡眠中度过的。

睡眠是脑功能活动的一种重新组合状态，保存能量，有助于巩固记忆和保证大脑发挥最佳功能；在睡眠中，人的基础代谢降低，所需能量降低，有助于消除疲劳、恢复体力；通过睡眠还能修复新陈代谢后的废物对脑细胞的损害；同时，良好的睡眠对于增强机体免疫功能有重要的意义。

专家提示

对婴幼儿来说，睡眠更具有促进生长发育的特殊意义。睡眠是婴幼儿早期发育中大脑的基本活动，也是反映神经系统功能从不成熟到成熟具体演变的敏感指标。越小的婴儿睡眠需要的时间就越长。睡眠不好直接影响婴幼儿体格和智力的发育，使婴幼儿出现行为异常。

婴儿在生后6周，大脑松果体开始分泌褪黑素，发育到三四个月大的时候，褪黑素分泌增多。褪黑素可以诱导婴儿入睡，又能使肠周围的平滑肌放松，同时具有体温调节、提高机体免疫力、维持血压和血糖的稳定等功能。褪黑激素本身也是一种作用比较强的抗氧化剂与自由基抑制剂，它可以保护细胞，使其免受自由基的攻击。在褪黑素的作用下，婴儿可逐渐建立内在的昼夜分明的生物钟规律，结束出生以来昼夜混乱的睡眠模式。

褪黑素的分泌是有昼夜节律的，一般在凌晨2~3点达到高峰，到黎明前褪黑素分泌量显著减少。褪黑素分泌水平的高低直接影响睡眠质量和睡眠模式。此外，小儿生长发育所必需的生长激素约80%是在睡眠时呈脉冲式分泌，分泌高峰主要与深睡眠有关，多是在夜间10点至凌晨一两点之间深睡眠阶段（这也就是为什么我们主张孩子添加辅食后，即6~8个月逐渐断夜奶的原因之一）。

二、睡眠的两种状态

大自然中的一切生物都受自身生命节律的支配，进行周而复始的变化。同样，人的生命也遵循着一定节律，进行着周期性的变化。人在一天中要经历两种完全不同的行为状态：觉醒和睡眠。而睡眠又包含着两种不同的状态：一种是非眼球快速运动睡眠（NREM），表现为心率和呼吸规律，身体运动少，又称为“安静睡眠时期“。这一时期又分为4期，第一、第二期为浅睡眠期，第三、第四期为深睡眠期。另一种是眼球快速运动睡眠（REM），主要表现为全身肌肉松弛，心率和呼吸加快，躯体活动较多，醒后可有梦的回忆，这是活动睡眠时期。

正常成人睡眠总时间的75%左右是处在非眼球快速运动睡眠（NREM）期（即安静睡眠时期），25%的时间处于眼球快速运动睡眠（REM）（即活动睡眠时期）。整个睡眠过程中，非眼球快速运动睡眠（NREM）与眼球快速运动睡眠（REM）呈周期性交替，成人大约90分钟重复一个周期。

- 新生儿由于大脑皮层的兴奋性低，外界任何刺激都容易引起大脑皮层的疲劳，只有通过睡眠来恢复功能。每天睡眠时间大约20小时，昼夜不分。其中活动性睡眠的时间较长，8～9小时。活动性睡眠时间会随着年龄增长不断减少。

- 新生儿安静性睡眠分期不明显，2个月后安静性睡眠才能分清浅睡眠期和深睡眠期。

- 3～4个月时，婴儿睡眠—觉醒生物节律基本形成，即昼夜分明。白天大多数时间处于觉醒阶段，夜间主要是睡眠时间。但是这个生物钟节律也与外界环境和抚养者照顾密切相关，最终达到与外界时间周期的统一和

协调。

●6个月以后睡眠是通过觉醒→浅睡→深睡→活动睡眠为一周期不断循环。一夜重复几个周期，构成夜间睡眠的整个过程。

婴儿期每一个周期40～45分钟，幼儿期60分钟左右。在上一个周期和下一个周期之间会有短暂的觉醒时段，尤其是当婴幼儿进入到活动睡眠状态时，会出现较多的面部表情或肢体运动，如微笑、皱眉、噘嘴、做怪相、四肢伸展一下、发出哼哼声甚至哭两声、呼吸快慢不均匀等。

专家提示

短暂的觉醒或者处于活动性睡眠状态时，常常被家长误认为婴幼儿夜间睡眠不安，睡眠不实，半夜醒来等，而进行干预或者给予过多的关照。其实，这样做反而打搅了婴幼儿的睡眠周期的转化，使孩子真正醒来。

三、影响婴幼儿睡眠的因素

睡眠是人体主动的生理要求。婴儿早期主要受生理因素影响，睡眠时间长短几乎和内在的生理需求是一致的。但是出生6周以后，睡眠环境和父母的育儿方式会对孩子建立良好的睡眠模式产生影响，从而影响孩子的行为。因为婴幼儿主要依靠抚育者照顾，不能独立决定自己的睡眠，因此睡眠情况的好坏很大程度上取决于睡眠的环境和抚育者的动机。

1. 睡眠环境

温度适中（20℃～25℃），相对湿度60%～70%，注意保持室内空气新鲜，卧室安静，减少外界的刺激，如噪声、灯光、玩耍等，睡眠时给予适量的棉织品衣服和被子，让孩子感到温暖而不过热，小婴儿最好用睡袋包裹（但禁止蜡烛包），使得孩子有安全感。

2. 抚育者的动机

如果父母用心并及时发现孩子睡眠的需求，帮助孩子养成良好的睡眠习惯，孩子就会越来越健康，发育得就会更好！如果在这段时间抚养人没有注意培养孩子良好的睡眠模式，以后孩子就会出现睡眠不安、夜间频频醒来、依靠哺喂等方式进入到下一个睡眠周期的不良睡眠行为。这就是我们常说的习得性行为。

3. 孩子的先天气质

每个孩子不同的先天气质也影响着睡眠模式的养成。大多数婴幼儿都属于容易型（易养型）孩子，他们吃、喝、睡、大小便等生理机能活动有规律，节奏明显，容易适应新环境（调适良好）。生活规律，能够很容易地建立良好的睡眠模式。但是也有很少的困难型（难养型）孩子，他们时常大声哭闹，烦躁易怒，爱发脾气，不易安抚；在饮食、睡眠等生理活动中缺乏规律性；对新食物、新事物、新环境接受较慢，需要长时间去适应新的安排和活动，对环境的改变难以适应（调适不良）。他们的情绪总是不好，在婴幼儿阶段家长需要费很大的力气才能使他们养成良好的睡眠模式，家长需要有极大的耐心。

专家提示

婴幼儿睡眠充足的表现：白天活动时精力充沛，不觉疲劳，情绪佳；食欲好，吃饭津津有味；在正常的饮食情况下，体重按年龄增加。

四、如何帮助孩子养成良好的睡眠习惯

让孩子独立安然入睡，需要家长有意识地去培养，在孩子没有形成不良的睡觉习惯之前就注意培养孩子良好的睡眠行为。孩子出生4个月以后，一旦形成不良的睡眠习惯，再想纠正就十分困难了。要想孩子建立良好的睡眠模式和睡眠习惯，父母的态度必须明确。帮助孩子建立良好的睡眠习惯，这是父母对孩子真正的爱的体现。

1. 帮助婴幼儿建立睡眠的作息规律

婴儿早期很多良好的行为、习惯都是通过建立条件反射这一学习方式形成的。孩子定时睡眠、定时上床、准时起床的好习惯同样是运用了这一学习方式。

当小婴儿2～3个月时，家长可以配合孩子的特点和生活习惯，帮助他逐渐建立良好的睡眠规律。每当孩子到了要睡眠的时候，让孩子躺在床上进行哄睡，然后家长采取一些固定活动，如每次临睡前洗浴、换睡衣、换上干爽的纸尿裤或让孩子听同一首安眠曲或者讲同一个故事，或者家长做同一个动作——亲吻他、拍他等，直至孩子入睡。每天家长都采取这样固定的哄睡模式，经过一段时间，只要做这些事情，孩子就知道该入睡了，就能够养成自行入睡的习惯，即建立了良好的睡眠条件反射。

专家提示

需要提请家长注意的是，越小的孩子建立这种条件反射需要的时间越长，家长要有耐心。如果家长采取了抱着、摇着、吃着奶哄睡的模式，时间长了建立的条件反射就是必须抱着、摇着或者吃着奶才能入睡的习惯，以后再想纠正就十分困难了。

2. 帮助婴幼儿分辨昼夜

室内光线要有明显的昼夜分别，日夜活动应该有明显的区别。白天小睡也不必挂上窗帘，不需要刻意制造安静环境；夜间睡眠则需要黑着灯（可以用小夜灯）与白天小睡有所区别。

《生命时报》曾经报道，英国研究人员的最新研究指出，睡眠期间室内灯光会影响人体内分泌，尤其是可以改变褪黑素分泌，同时缩短体内褪黑素在夜间的持续作用。而褪黑素则可以影响人们的睡眠、体温调节、血压和血糖的稳定。研究结果显示，睡眠暴露于灯光之中的受试者，99% 发生了不同程度的褪黑素分泌延迟，而褪黑素持续作用的时间也缩短约 90 分钟。这对于人们血糖的稳定是不利的，它会影响血糖稳定，不利于血糖控制。

3. 白天小睡的时间不要超过 4 小时

白天尽量多与孩子沟通交流，与他玩耍、说话，利用孩子清醒的时间进行早期教育。其实，早期教育在我们生活的时时、处处、事事中都可以进行。

4. 临睡前不要让孩子太兴奋或太疲劳

孩子临睡前不要玩耍得过度兴奋，或者让孩子过于疲劳。因为这样会造成肾上腺素浓度增高以对抗机体产生的疲劳，孩子反而会因为兴奋、易怒、急躁而难以入睡。

专家提示

夜间入睡前一定要换上渗水性强的干爽纸尿裤，防止婴幼儿因漏尿、尿湿或更换尿布而被打扰睡眠。

五、针对不同阶段婴幼儿的具体做法

1. 新生儿阶段

新生儿阶段孩子的睡眠顺其自然，孩子想睡就睡、想吃就吃。

2. 2～3 个月

2～3 个月每天睡觉 15～18 小时，夜间每次睡眠的时间较短，白天小睡 3～4 次。

要注意培养孩子昼夜分明的作息规律，逐渐建立入睡前的固定行为模式，养成晚上定时入睡、白天按时小睡且自行入睡的睡眠模式。

此时期，由于孩子的神经系统发育不健全，很容易疲劳，而孩子一旦疲劳，就会加速分泌肾上腺素来对抗疲劳，孩子就会表现出烦躁和哭闹增多，到 2 个月哭闹发展达到高峰。这时家长往往容易产生挫败感和内疚感，错误地认为孩子是饿了，需要吃奶和安抚，因而频繁喂奶和搂抱摇动入睡，就会使孩子逐渐养成需要依靠含奶头和抱着睡觉的习得性行为。其实很多时候孩子不是饥饿或者需要安抚，而是因为疲倦急于睡觉造成的哭闹。有时也是因为部分家长过度溺爱，容不得孩子有半点哭闹现象。这样做的结果实际上是剥夺了孩子自行入睡的机会。

专家提示

建议家长不要过度干预孩子的睡眠，而是应该培养孩子独立入睡，而非建立家长抱着、通过含奶头安抚入睡的睡眠模式。

此时，最佳的哺喂方式是夜间喂奶 2～3 次，白天小睡 3～4 次。这个时期一旦养成不良的睡眠模式将会延续到整个婴儿时期，甚至到幼儿时期，再想纠正会很困难。总之，这个阶段是培养孩子良好睡眠模式的关键时期。

3. 3～6个月

每天睡眠的时间14～16小时，其中白天小睡2～3次。睡眠时间逐渐集中到晚上，同时每次睡眠时间与白天清醒的时间逐渐延长，白天睡眠规律化。

如果已度过孩子临睡前的哭闹时期，逐渐养成良好的睡眠模式，这个阶段就需要继续巩固这种睡眠模式。

进入3～6个月的孩子开始对周围事物（光、声响、色彩等）产生兴趣，尤其对新事物更加好奇，这些往往使他抵抗睡意，进而兴奋、烦躁和哭闹，这样孩子会更加疲惫而难以入睡。一旦孩子过度疲劳，家长所做的抚慰行为，例如抱起来吃奶、摇动孩子，都可能对孩子自然入睡过程造成刺激和干扰。因此，当孩子出现要睡眠的迹象时，一定要创造睡眠的环境，减少外界对他的吸引，让孩子躺在自己的小床里逐渐安静下来。

尽量安排婴儿晚上9点之前入睡。一般来说，越是睡得早的孩子醒来的时间也会越晚，而且夜间睡眠很熟。白天孩子觉醒的时候，家长就可以尽情享受与孩子在一起玩耍的快乐时光。

在与孩子玩耍的过程中，你会发现孩子的专注力越来越好。但是，白天与孩子玩儿的时候不要过度给孩子刺激（即开展过多的早教活动），让孩子的大脑应接不暇，这样容易引起他大脑的疲劳，从而影响孩子入睡以及睡眠的质量。

专家提示

此时，夜间喂奶2次（在夜间9点喂奶1次，第二次喂奶时间在凌晨3~4点）。白天每次清醒的时间2~3小时，白天小睡2~3次。

4. 6~12个月

每天睡眠时间14~15小时，其中小睡2次，一般上下午各1次，中间间隔清醒时间3~4小时。一多半的孩子晚上可以连续睡6小时以上。

孩子添加辅食后，可以开始准备逐渐断掉夜奶，6~7个月逐渐减少到1次，到9个月完全断夜奶。如果哺育得当，10个月以后晚上基本可以连睡一觉到天亮。随着孩子夜间睡眠时间的延长，有的孩子夜间可以连续睡眠6小时，到10~12个月可以睡整夜觉了。

断夜奶前，作为家长必须要明了断夜奶的好处——是为了孩子更好地发育，大脑获得更好的休息和休整。断夜奶需要家长的决心和恒心，当孩子夜间醒来时应该继续保持屋内的黑暗与安静，以便孩子及时再次进入睡眠状态，而非家长过度干预。这个阶段的孩子白天上下午各一次小睡。

5. 1~2岁

1岁以后每天睡眠的时间12~14小时，白天1~2次小睡；随着发育，多数孩子逐渐缩短上午小睡的时间（家长也有意识地这样培养），直到1岁半左右停止上午小睡，只有下午一次小睡了（多数孩子要睡2小时左右），晚上可以连睡10个小时，3~4岁下午小睡变得越来越少。

专家提示

晚上提前让孩子入睡，这样做的结果是孩子夜间可以连续睡眠，而且是高质量的睡眠。

6. 3～4 岁

3 岁以后可以试着将晚上入睡的时间逐渐推迟半小时，最好晚上 8～9 点入睡，早晨6～8 点醒来，这样更有利于保证午睡很快入睡，同时午睡时间能够保证 1 个半到 2 个小时。如此，无论早晨或者午觉醒后孩子都会感到精力充沛，有更好的专注力去玩耍和接受早教。

六、婴幼儿睡眠误区

1. “亲密育儿”理论导致的误区

孩子白天的小睡是健康睡眠的一个重要部分，白天的小睡可以让孩子清醒状态达到最佳，注意力更集中，“学习”效果更好。而且白天的小睡也不会影响夜间的睡眠。

但是近年来提倡的所谓“亲密育儿法”，鼓励父母随时随地把孩子带在身边去参加各项活动，还美其名曰“让孩子接触更多的新事物，认识更多的朋友”。由于孩子外出打乱了原来小睡的时间，可能在行驶的汽车里、滚动的童车里、父母的怀抱和肩背上睡觉，这些都会随时惊醒孩子，导致孩子睡眠质量不高。

这样做的结果不但耽误了孩子小睡的时间，推迟和减少了深睡眠的时间，而且小睡的时间太短、太轻，无法让孩子的体力和大脑获得充分恢

复。孩子睡眠缺乏清醒后往往表现出注意力不集中，活动起来也不会持久。

专家提示

最好的小睡方法还是静止的睡眠，不管你是原来抱着孩子入睡还是用摇篮抚慰孩子入睡，最终还是应该让孩子躺在他的婴儿床上睡觉。

2. **夜间反复哺乳**

夜间反复哺乳让孩子持续睡眠断裂，混淆大脑觉醒和胃饿醒的界限。由于婴儿在1~2个月时，活动性睡眠所占的时间比较长，而且睡眠周期比较短，家长常常将孩子在活动性睡眠时期和短暂觉醒的表现误认为孩子醒了，因此给予干预。错将孩子的觅食反射（觅食反射在婴儿三四个月时才消失）和哭闹误认为孩子饿了而抱起来喂奶，逐渐建立了活动性睡眠→短暂觉醒→哭闹→吃奶获得安抚而转入下一个睡眠周期，久之建立了依靠含着妈妈乳头转入下一个睡眠周期的条件反射。

有的家长反映，自己的孩子几乎不到一小时就醒一次，其结果不但造成夜间妈妈反复哺乳，妈妈长时间劳累得不到休息，苦不堪言；这样做的结果也造成孩子持续睡眠断裂，使得孩子后半夜不能很快进入到深睡眠阶段，而且深睡眠的时间缩短，影响了生长激素和褪黑素的分泌。褪黑素分泌减少就会缩短孩子的睡眠时间，生长激素分泌减少进而影响了孩子的发育。孩子一旦建立了这样的习得性行为，到6~8个月添加辅食后要想断夜奶就十分困难了。

七、婴幼儿睡眠障碍

睡眠障碍是指在睡眠过程中出现的各种影响睡眠心理行为的异常表现。睡眠障碍直接影响睡眠结构、睡眠质量和睡眠后的复原程度。小儿的睡眠障碍有与成人相同的地方，更多的是其特殊的一面。对于成年人来说可能是睡眠障碍，但是对于小儿来说可能就是正常的生理现象。小儿许多睡眠障碍的存在反映了小儿生理、行为、心理发育以及亲子交流方面的问题。

1. 睡眠障碍的主要表现

- 婴儿期主要是睡眠不安、入睡和持续睡眠困难。如果不及时纠正可以持续到幼儿期或者儿童期。

- 幼儿期可以发生夜惊、梦呓和梦行症。夜惊可能是生物学因素、环境因素和认知发育相互作用的中间过程。梦呓或梦行症与中枢神经系统发育不成熟有关（梦呓表现为睡眠时讲话或发出类似讲话的声音；梦行症，俗称“梦游症”，是指睡眠中突然爬起来活动，而后又睡下，醒后对睡眠期间的活动一无所知）。

- 3～9 岁的孩子还可以发生频繁打鼾、磨牙症和梦魇。其产生的原因可能与咽部的淋巴组织处于生理性生长高峰，气道变窄易感染、牙齿发育处于恒牙替代乳牙的萌动，以及中枢神经系统发育不成熟有关。

2. 婴幼儿产生睡眠障碍的原因

（1）没有建立良好的睡眠周期

在婴儿出生后睡眠发育的重要阶段 8～24 周没有建立好昼夜睡眠—觉醒的周期，行为发育上没有在睡眠—觉醒交替的过程中形成自我安慰的能力，从而影响小儿建立良好的睡眠周期。

（2）不良的睡眠习惯

不良的睡眠习惯是影响婴幼儿顺利入睡的最常见的原因。孩子睡眠启动往往需要吸吮、吃奶、抱在怀里摇晃、轻拍或步行等安抚，一旦这种模式成为习惯性行为，婴幼儿就会依赖家人的安抚和陪伴才能入睡，夜间醒来也需要安抚才能再次入睡。

（3）生活环境改变造成生活习惯被扰乱

由于生活环境的改变，例如转换照顾者、生病住院、生活规律改变、白天过度兴奋等均能引起婴幼儿不适应，从而影响其睡眠引起入睡困难、睡眠不安，甚至夜惊、梦呓、磨牙、梦魇或梦行症。

（4）喂养不当

婴幼儿睡前吃得太多，引起消化系统不适；或吃得太少，容易饥饿，都可以导致入睡困难。6~8个月的孩子夜间睡眠过程中一般无须进食，如果此时夜间频繁喂食，会干扰其睡眠周期的自动转化，而且摄入的液体增多，造成夜尿增多，引起婴幼儿夜间睡眠不安。

（5）疾病

婴幼儿身体存在着疾病，如中耳炎、消化不良、佝偻病、寄生虫、牛奶过敏引起的腹痛、肠痉挛等，都可以引起婴幼儿睡眠不安。

3. 婴幼儿睡眠障碍的预防和治疗

发育正常的婴幼儿出现难以入睡或睡眠不安的问题主要针对诱因进行指导，不需要治疗。

首先要让抚养者认识到培养良好的睡眠习惯的重要性。根据资料显示：在孩子出生2个月以后，父母的照顾方式是影响孩子睡眠的一个重要因素，尤其对孩子养成夜惊和夜啼的习惯来说，往往是父母照顾不当引起的。需要指出的是，家长对孩子过于关切、过于溺爱，其实是剥夺了孩子学会自我入睡的机会。有些母亲舍不得与孩子分开睡，更舍不得弃用反复哺乳的方式让孩子自动转入下一个睡眠周期，也是造成孩子睡眠问题产生的原因之一。

6~9个月的孩子应尽量在没有抚养者干预下入睡。夜间醒来的婴幼儿，父母不要急于安抚，可能数分钟后他就会安静下来，自行入睡，因为这可能是孩子短暂的觉醒阶段。如果5分钟后仍哭闹，抚养者可以安抚他，但是不要抱他，让他知道你是关注他的就可以了。如果夜间醒来是因为喂哺所致，就要减少喂食的次数给予纠正。经过几次重复仍不能改变孩子的哭闹现象，就要注意孩子是否躯体有不舒服的地方。

对疾病造成的睡眠不安给予相应的治疗，疾病痊愈后睡眠不安就会消失。

如何看待纸尿裤的利与弊

只要正确使用，纸尿裤是不会影响宝宝的腿型、走路姿势和生殖器官的发育的。但我建议，还是纸尿裤和传统的布尿布交替使用最好。

对于孩子使用纸尿裤的利与弊很早就有不同的争论，例如使用纸尿裤会不会引起孩子“O”型腿，使用纸尿裤会不会影响男孩子以后的生育问题……这种争论自从纸尿裤引入中国后一直没有停息过。近来在网络上争论之声又“重燃战火”，新浪网亲子中心为此还展开了一场讨论。

2011 年 8 月 24 日上午，由中国妇幼保健协会主办的“婴幼儿‘O’型腿与纸尿裤的关系专家研讨会”在北京中国科技会堂隆重召开。较前时候，新浪编辑曾给我来电话，请我就“使用纸尿裤会不会引起孩子‘O’型腿”这一问题发表一些看法，我在微博上也发表了自己的一些观点。当我的老院长——中国妇幼保健协会副秘书长王玲通过微博了解后，打电话来，希望我能够参加这个研讨会。不巧的是，我因为事前已经安排了其他工作，未能出席这个会议。随后看到会议内容的报道，我也谈了自己的一些看法，作为没能参加会议的会后补充。

一、正确看待“O”型腿

“O”型腿在医学上称为膝内翻，俗称“罗圈腿”，是在膝关节处，小腿的胫骨向内旋转了一个角度，故称为“膝内翻”。引起“O”型腿的原因有以下几种：

- 先天遗传：如软骨发育不全的侏儒症。
- 代谢性疾病：如钙、磷和维生素 D 代谢异常，引起骨骼的发育障碍，产生骨骼变形，下肢形成“O”型腿。最典型的就是婴幼儿维生素 D 缺乏引起的佝偻病。
- 长期不良姿势和不良用力习惯使关节的肌肉力学失衡造成的，如过早让孩子站立或过早让孩子坐学步车，不正确的坐姿、蹲姿或者长期采用跪坐等。
- 外伤和其他疾病导致“O”型腿。

在胎儿时期，由于胎儿越长越大，在子宫的活动空间相对会越来越小。因此，正常胎位的胎儿在子宫内全身盘曲，脊柱略前弯，四肢屈曲紧缩交叉于胸腹前。因为只有把自己的四肢蜷缩，在一起呈椭圆形占据的空间才能最小，所以胎儿以尽可能小的体积来适应子宫的狭小空间。

由于胎儿在妈妈的子宫里的这种特殊姿势，所以新生儿出生后大多数都是“O”型腿，直至整个婴儿阶段，医学上将这种下肢的弯曲称为生理性弯曲，这是正常的生理现象。

在学会走路的 6 个月内，由于下肢承受全身的重量，所以从外观看起来“O”型腿更为严重，在 1 岁半左右达到高峰；随后，因为受到生长发育、负重与姿势改变等因素的影响，直到 3～4 岁又逐渐发展成“X”型腿，过了 4 岁又开始矫正，到 6～7 岁已接近正常，直到 10 岁左右才比较

稳定，大约有95%的“X”型腿可在外观上恢复正常。从4～7岁一直到青春期一般保持正常的“X”型腿现象，下肢有5°～6°的角度。

二、婴儿髋关节发育的特殊情况

需要提请注意的是新生儿出生时髋关节发育的特殊情况。绝大多数专家认为，胎儿受母体产前激素的影响，其全身的关节和韧带比较松弛，尤其是髋关节。由于胎儿体位的原因，在子宫内，髋关节处于过度伸展和内收伸膝的臀位时易造成髋关节的髋臼发育较差，髋臼顶斜度增加并向前旋转，髋臼边缘浅，髋臼呈平状，股骨头后上方稍扁平，使得股骨头不能很好地落在髋臼里，再加上关节囊比较松弛的原因，使得髋关节发育不良，甚至出现脱位或者半脱位状态。随着出生后年龄的增长，以及过早行走造成下肢负担全身重量，或者不良的抚养习惯，例如一些亚洲国家的人喜欢将孩子的下肢伸直包裹成“蜡烛包”，使新生儿髋关节固定于伸展、内收位，容易造成股骨头从髋臼内脱出，而发生髋关节半脱位或完全脱位。尤其是冬季，小婴儿穿衣服较多时易发生此现象。

鉴于髋关节发育的这种情况，专家们认为必须摈弃使用“蜡烛包”方式包裹婴儿，解放孩子的四肢，避免人为地造成髋关节脱位或者半脱位。早期使用尿布，可以使髋部在自然的轻度髋关节屈曲位下外展复位，股骨头很好地落在髋臼里，从而促使髋关节能够在出生后更好地发育，避免发生髋关节发育不良以至于可能发生的髋关节半脱位或者完全脱位。

专家提示

使用纸尿裤对髋关节发育不良，尤其是处于髋关节脱位或者半脱位的婴儿，能够有助于髋关节恢复正常。

对于髋关节发育正常的小婴儿，因为原来就有生理性弯曲，因此不能确认与使用纸尿裤有关。目前文献的报道还没有使用纸尿裤造成孩子“O”型腿的病例。

髋关节脱位的情况在白种人中出现较多，当时国外把纸尿裤设计得宽一点，让双腿尽可能分开，也是能起到预防髋关节脱位的作用。从这个角度来看，纸尿裤对孩子骨骼的生长不仅没有害处，还有一些好处。

纸尿裤产品一般由表面包覆层 、吸收芯层和防渗漏底层组成。纸尿裤的吸收材料是植物性纤维材料绒毛浆，绒毛浆是用作吸水介质的纸浆。为增强吸收效果和锁定水分，吸收层中还需加入一定量的高分子吸水树脂，能吸收比自身重几百甚至上千倍的尿液。吸尿后成凝胶状，受外力压迫会滚动变形。绒毛浆和高分子吸水珠组成的吸水体会随着宝宝的大腿、臀部动作而变形，所以对宝宝大腿的压力实际不大。裆部都是很柔软的，吸收水分后裆部会向下坠而不会横向膨胀，因此不会对腿造成挤压，孩子腿型是什么形状，纸尿裤就会变成什么形状。而且，现在市面上的纸尿裤都很薄、很软，穿着就像小内裤一样。

专家提示

只要正确使用，纸尿裤是不会影响宝宝的走路姿势和生殖器官的发育的。

根据胚胎生物学的原理，在胚胎时期就已有精原细胞存在，而这些精原细胞在婴儿出生之前是在温度约为37℃的母体腹腔中发育的，而且发育良好。男性婴幼儿的睾丸在1～10岁生长得十分缓慢，睾丸内的曲细精管是实心的细管，并不存在精子的发生和成熟过程，同时精囊仅有未分化的精原细胞。12～15岁男孩子进入青春期，睾丸才加快增长。精原细胞分裂

形成精母细胞之后，再经过两次减数分裂，成为精子细胞，精子细胞经过分化才变成精子，这时精囊才含有成熟的精子。所以，家长不要担心。

专家提示

只要选择透气性能好的纸尿裤，并且正确使用纸尿裤，是不会对男孩将来的生育造成损害的。

三、选购纸尿裤的具体方法

• 家长选购纸尿裤一定要选择著名厂家的产品。参照纸尿裤外包装上标明的规格，根据宝宝的体重、体形来挑选合身的纸尿裤，并尽可能选择设计更加服帖、柔软的纸尿裤，这样更有利于宝宝的生长发育和活动。

• 同时需要注意选择吸湿力强的纸尿裤，这类纸尿裤能迅速将尿液吸收并且锁定，不能回渗。

• 此外，纸尿裤透气的性能要好，保证宝宝的局部皮肤能够接触空气，保证皮肤干爽。

• 纸尿裤还要具有防侧漏的设计，防止尿液从侧面渗出。

• 要勤换纸尿裤。因为尿液太多会增加纸尿裤的重量，影响纸尿裤的舒适度，而且孩子的小屁屁如果长期处在一种潮热的环境，容易引起臀红，导致尿布皮炎或者滋生细菌，导致局部感染。

四、纸尿裤带来的环境问题

应该说，纸尿裤的发明确实解决了家长的劳累之苦，因此很轻易地被各国家长所接受。但是，任何一个新生事物的出现都会存在着利与弊的问题。

自从1961年布洛克特·盖姆鲍公司开始试销第一批一次性尿布开始，至今纸尿裤已经形成了巨大的产业。在英国有90%以上的婴儿使用一次性纸尿裤，在美国有80%的婴儿使用一次性纸尿裤。但是，美国教育学硕士、医学博士、美国约克怀勒大学心理咨询教授琳达·索娜在所著的《婴幼儿早期大小便训练》一书中谈道："每年砍伐成千上万的树木以满足全美婴幼儿所需的160亿张一次性尿布。在生产过程中的副产品——二噁英（一种致癌物），可引起癌症、神经损害以及其他疾病。欧洲的一个环境组织——全球绿色资助基金会在一些一次性纸尿布中发现了有机锡类化合物，这些有毒的化学合成物常用于一次性尿布中有超强吸收力的胶化物生产。因此，全球绿色资助基金会要求全世界内所有产品都禁止使用有机锡类化合物。"同时她在书里还写道："目前，在埋入地下的垃圾中，一次性尿布排名已达第三位（仅次于报纸和快餐袋、饮料罐）。由于被丢弃的尿布中含有未处理的废物，所以埋入地下的未处理的大小便简直是天文数字。"至于纸尿裤引起的垃圾是否能够降解目前不得而知。所以说，使用纸尿裤不但对我们生存的环境造成污染，也大量消耗自然资源。

从保护孩子健康的角度来看，我建议还是纸尿裤和传统的布尿布交替使用最好。布尿布可以反复使用，相对比较节省自然资源，而且由于布尿布一旦被大小便污染会使宝宝感到不舒服而有不适的表现，能够敦促家长及时更换尿布。虽然清洗尿布使用的洗涤剂也会污染河流，但比起纸尿裤对环境的危害还是小得多。为了保护我们生存的环境还是应该及早对孩子进行大小便训练。

争论不休的如厕训练

儿科医生，尤其是行为儿科学的医生认为，在婴儿期就应该进行大小便学习和如厕训练，争取2岁至2岁半完成。

婴幼儿每天的基本生活内容就是吃、喝、拉、撒、睡和玩耍。大小便学习和如厕训练正是在孩子生长发育过程中应该学会的自我服务本领，也可以说，应该和学会爬、学会坐、学会走一样，是婴幼儿必须掌握的技能。我国古老的传统（世界上很多的国家也有同样的传统）认为，孩子在襁褓里就应该开始进行大小便学习，当孩子学会坐或走的时候就应该开始进行如厕训练。

一、两种截然不同的观点

世界上第一款纸尿裤的发明，大大减轻了家长的劳累和清洗尿布的负担，纸尿裤非常容易地就被家长接受了。而后，纸尿裤进入中国，同时也带来了一种不同的论点。于是，对于什么时候开始让婴幼儿进行大小便学习和如厕训练的问题，也产生了截然不同的观点，使这个本来不是问题的问题成了争论的焦点。

1. 延迟训练的观点

一些西方专家，以本杰明·斯波克（著有《斯波克育儿经》）为代表的延迟训练观点认为："孩子独立大小便是种相当复杂的行为，孩子需要感到来自肠道或膀胱的刺激，理解刺激的含义，理解保持裤子干净和上厕所间的关系。应在孩子生理和心理上准备好后再开始训练，否则会给孩子带来过多压力，给亲子关系带来紧张，也会延迟孩子完成训练的时间。"因此，他们认为早期训练有害，建议父母等孩子在身体、精神、感情上都准备就绪时再开始训练其大小便。

2. 对延迟训练观点的批评

美国约克怀勒大学心理咨询教授、教育学硕士、医学博士琳达·索娜在她写的《婴幼儿早期大小便训练》一书中针锋相对地批评道：" 从20世纪60年代起，一次性尿布行业已拥有几十亿美元的资产，其婴幼儿顾问极力主张晚一些进行大小便训练会更好。此后不久，很多儿科医生和婴幼儿专家响应这一建议——等孩子到2岁以后才开始训练。专家们告诉父母，早期练习会造成心理伤害，并会惹来长期的麻烦。把孩子的心理需要和身体健康完全割裂开来，鼓吹心理健康高于一切，尊重孩子的自由。家长们深信不疑，他们认为早期训练的确有害。延迟训练曾给商家和父母都带来利益。"同时她认为，"在把孩子当作朋友的养育观念的新时代里，许多家长认为，只要孩子开心那么他们就会身心健康……这种教养方法无疑使大小便训练更加困难"。

实际上，孩子的身体健康和心理健康是密不可分的，而且是互相影响的，二者缺一不可。因此，关注孩子的心理健康也必须关注孩子的身体健康，只有孩子身体健康才能获得心理健康。孩子及早进行大小便训练有助于身体健康。琳达·索娜还列举了E·贝克在2001年《北欧泌尿学与肾脏学杂志》发表的文章，公布针对个人和家庭情况各方面评估问卷的结果：

在 11 岁的儿童中，患有膀胱疾患的孩子，都是在 2 岁以后才开始大小便训练的，因此说明推迟大小便训练可能会对孩子远期产生不良影响。

另外一些权威儿科专家，包括我国一些儿科专家，在《褚福棠实用儿科学》第 7 版中明确提出："小婴儿的膀胱黏膜柔嫩，肌肉层和弹力纤维发育不良，埋于膀胱黏膜下的输尿管短而直，抗尿液返流能力差，易发生膀胱输尿管返流。随着年龄的增长，此段输尿管增长，肌肉发育成熟，抗返流机制逐渐增强。5～6 个月后条件反射逐渐形成，在正常的教养下，1 岁至 1 岁半可以养成主动控制排尿的能力。"

专家提示

应该尽早对孩子进行大小便训练，以便形成条件反射，让孩子享受到皮肤干爽、清洁带来的舒适和满足，逐渐学会控制大小便，完成如厕训练。1 岁半至 2 岁是孩子养成如厕习惯的关键期。

琳达·索娜教授在《婴幼儿早期大小便训练》一书中也阐明了这种观点，批驳了《斯波克育儿经》所宣扬的自由的、以孩子为中心的观点，并列举了延迟进行大小便训练所造成的种种危害。琳达·索娜教授认为："延迟训练曾给商家和父母都带来利益，但同时它也将一个本是很自然的学习过程变成无数家庭紧张、无助、代价沉重的噩梦……在美国，1961 年，有 90% 的儿童都是在 2 岁半完成大小便训练的；到了 1998 年，这一数字下降为 22%。根据《儿科救护学》发表的一份研究，到 2001 年，孩子们只有到 35 个月（女孩）和 39 个月（男孩）时才完成大小便训练。"所以，我在美国看到 3～4 岁还使用纸尿裤的孩子就丝毫不感到惊奇了。

二、大小便训练有助于孩子身心发展

一个正常人排尿的生理过程是这样的：肾脏生成的尿液经过输尿管运送到膀胱储存，尿液在膀胱储存到一定的容量时才能引起反射性排尿。尿液的压力刺激位于膀胱壁的牵张感受器，由牵张感受器发出的排尿信号，经周围神经系统传导至大脑皮层排尿反射高级中枢，并产生尿意。该指令到达膀胱，膀胱逼迫尿肌收缩，引起尿道括约肌松弛，从而将尿液排出体外。在排尿时，腹肌和膈肌的强烈收缩也能产生较高的腹内压，协助克服排尿的阻力，直到尿液排泄为止。

正常人排便的生理过程是：胃和肠道消化的食物中的营养成分被小肠和结肠吸收后产生的废物就形成粪便，当结肠内贮存的粪便被推入直肠后，直肠继续吸收粪便中的水分。由于直肠被充盈而膨胀，粪便对直肠腔内压力达到一定程度时，就刺激直肠壁内的牵张感受器。牵张感受器将冲动信息通过传入神经的传导，将要排便的信息传到脊髓的初级排便中枢，由此再向大脑排便反射神经中枢发出排便信息，人便有了便意。降结肠、乙状结肠和直肠的肌肉开始收缩，同时腹肌、膈肌开始收缩，人闭口屏气开始增加腹压、盆腔压力以及肠腔内压，肛门内外括约肌松弛 ，大便就排出体外了。

但是不管是排尿或者排便，都需要人的意识来控制的。

专家提示

作为儿科专家以及拥有多年儿科临床经验的我一直认为：及早建立排便和排尿的条件反射，进行大小便和如厕训练有助于孩子身心发展。

家长在养育孩子的过程中需要教会他掌握必要的卫生知识，同时让孩子正确理解排泄与吃饭、喝水一样是他生活的必需内容。因此，孩子及早地掌握排泄的技能，就像掌握爬行和走路的技能一样重要。

发表于美国儿科学会的官方杂志《儿科学》上的一份研究报告认为，婴儿具有延迟排便的能力，在2～3个月时就可以根据提示使用便盆。美国西北大学医学院的泌尿科专家马克斯·梅塞尔曾在1993年《现代儿科学疑问》上撰文谈道："孩子在婴儿末期，可以感受到膀胱充盈，并能调节肌肉以推迟小便。"

必须清醒地认识到，延迟如厕训练造成孩子习惯了边走路边在尿布上大小便，那么孩子在以后学坐便时就不会正确用力；而且因为随时、多次小便，膀胱储存尿的功能和排空的功能就得不到锻炼；如果使用一次性的尿裤或尿布再不及时更换的话，污染的尿裤和尿布很容易引起泌尿系感染和发生尿布疹。一旦孩子习惯了脏兮兮的尿布气味和潮湿的感觉，孩子对排尿和排便就失去了敏感性，排尿和排便的条件反射就很难建立。因为错过了大小便学习和如厕训练的敏感期，以后再训练就会遇到很多麻烦，困难了很多。

孩子过了1岁，自我意识情绪逐渐发展，害羞的情绪开始发生，随之而来的是羞愧感产生。如果到了3岁还在使用纸尿裤和尿布的话，孩子会为此感到羞耻，就会产生自卑、孤独、焦虑、胆怯等心理。

而且我们临床发现，3岁以后的孩子发生原发性遗尿症（夜尿症）和遗粪症往往是由于从小缺乏大小便训练而导致的。

专家提示

儿科医生，尤其是行为儿科学的医生认为，在婴儿期就应该进行大小便学习和如厕训练，争取2岁至2岁半完成如厕训练。

我的外孙子就是在出生后26天开始“把”便训练的。

一般小婴儿在大便前是有表现的：可能突然表现为眼周围发红、眼神发呆、身体扭动、嘴角向两侧撇着使劲儿，甚至放几个臭屁，这时家长赶快“把”便，一般大便都会排出来。如果“把”便与家长发出的“吭吭声”结合起来，孩子以后只要听到家长的“吭吭声”就会很快大便了，很容易建立排泄的条件反射。许多孩子的大便时间基本上是固定的，这样就减少了家长的很多麻烦。

当外孙子9个月的时候，我开始训练他到卫生间坐盆大便或小便，让他知道卫生间才是排泄的地方。其实，只要孩子已经能够独立坐的时候就可以开始训练坐盆大便了。家长尽量把排便的时间安排在早晨，每次“把”便或坐盆的时间把握在5分钟左右，不要时间太长，以免引起孩子的反感。

为了让孩子及早接受如厕训练，我给外孙子使用的便盆是一个前面有可爱的卡通造型、可以拆卸的塑料坐盆。坐盆前方竖立着憨憨的、天蓝色的小熊头，十分可爱！小熊头上的两只耳朵是双手可以扶着的把手，每次坐盆就好像骑在小熊身上一样。当小外孙放了几个屁并大声叫时，我知道他要大便了，于是让他坐盆。第一次的坐盆训练非常顺利，有了第一次成功的尝试，以后就顺理成章一次次坚持下来，通过几天的训练，小外孙已经体会到坐盆大便比大人“把”便更舒服，而且坐盆还是一次很有趣的玩玩具的过程，甚至大便完后还舍不得离开。所以去卫生间坐盆大便也成了他最喜欢做的事情，排便就顺理成章地通过坐盆解决了。

1岁3个月时，我开始训练小外孙坐在儿童马桶圈上直接到卫生间马桶上大便了。虽然还需要大人扶着他，但是他感到这样大便就与大人一样了，也是一件让他感到很自豪的事情。1岁4个月，随着语言的发展，他已经学会用语言向大人表示他要尿尿了。接近1岁4个多月时，他控制尿的能力增强，两次尿之间可以间隔2～3小时，而且每次尿之前都会告诉我们“尿——”，我们带他来到卫生间脱掉裤子，他就顺利地将小便尿到他专用的尿盆里了。当然，还需要我们不断地表扬和鼓励，获得表扬后他再有小便时就会更乐意去重复这些行为了。

白天我们及时提醒外孙子去卫生间尿，基本上很少尿湿裤子了，但是夜间还是使用纸尿裤。为了夜间也去掉纸尿裤，晚餐时我们很少给他喝汤水，而且晚饭后就不让他再进食了，临睡前尿一次，夜间叫起尿一次。2岁时，外孙子就将纸尿裤完全去掉了。

专家提示

家长必须要清楚大小便训练需要较长时间，而且需要有耐心。即使这样也会有反复，主要是在夜间孩子可能尿床。发生这种情况家长不要责备孩子，以免让孩子产生紧张和不安，更不要认为尿床是一件很丢人的事情。家长要分析孩子尿床的原因，以后注意改进就是了。

早教篇

“不要输在起跑线上”是蛊惑人心的口号

在人生的赛场上，任何时候起跑都不算晚。早期教育必须要根据孩子的生理和心理发育特点来进行，任何超前或滞后的教育都是不可取的。

“不要输在起跑线上”——这个口号最早是由一些搞所谓早期教育的商人提出来的，目的是为他们的商业利益服务。

一、人生不是竞技场

“不要输在起跑线上”的口号是把人生比作了一个赛场，依照这个理念，人生就是一场旷日持久的马拉松赛。那么，起跑线应该设定在孩子生长发育的哪个阶段？是从母亲受孕前、胚胎阶段，还是胎儿阶段开始？还是孩子出生那一刻起……跑道的终点是哪儿？大概谁也说不出一二来。更何况人的一辈子不能都活在比赛场上，还需要休息、娱乐、满足自己生活上的需求。人的一生应该是多姿多彩的一生。这个口号是一个模糊的概念，它不具有科学性，是经不住推敲的。但是，这个口号却着实影响和误导了不少的家长和教育工作者，促使他们每天都绷紧神经，唯恐自己的孩子输在起跑线上。于是，各种名目的胎教班、亲子班、学前教育班、奥数班、外语班等应运而生，一些家长怀孕时就开始进行“胎教”，也不管这种所谓的胎教是不是具有科学性；孩子生下来就上亲子班，让不会说话的孩子去接触多种语言环境，去接受所谓的早期教育；将小学的教育提前到幼儿园，将幼儿园的教育提前到婴幼儿阶段。过早去学习一些这个年龄段无法掌握的知识。其结果乐坏了商人们，钱包塞得满满的；忙坏了家长们，一天到晚拼命奔波；苦坏了孩子们，孩子成为这个口号的试验品，失去了欢乐的童年。

二、错误理论对家长和孩子的毒害

在这个口号的蛊惑之下，一位妈妈在新浪网育儿论坛上写出自己的一些真实想法，她写道：“儿子快 7 岁了，还没上小学，快 4 岁才会说句子，反应很慢，理解能力差。也许我一直不接受他智力有问题的现实，在教育上一直很急躁，有时会很厉害地打骂，可事后又后悔地向孩子道歉。孩子会连续跳绳 50 个，会游蛙泳，会骑两轮自行车，会自己打开电脑上网搜索喜欢的动画片，会查字典，可理解能力奇差，讲故事结巴，并且没有小朋友和他玩。今天我教他 1 头猪与 2 只羊一样重，1 只羊和 3 只鸡一样重，问：猪与几只鸡一样重？就这么一个简单的问题讲了 1 个小时，他还是支支吾吾说不出来，把我气得火又上来了，使劲儿掐他的手臂，打他耳光，当时恨不能……我哭了，孩子却不敢哭。到后来我想通了，很心疼他，又很恨自己，跟孩子道歉。孩子却一下子大哭起来，他说：‘妈妈，你说过不打我，不骂我，为什么总是说话不算话呢？我再给你最后一次机会，以后你再这样我就不原谅你了！’我很伤心，为孩子的将来，难道他真的没救了吗？难道他真要输在起跑线上吗？我觉得自己经常这样歇斯底里地打骂孩子，真的比电视上演的后妈还坏，我也怀疑自己是不是得了抑郁症，

因为我经常梦里都梦到自己的孩子被别人嘲笑，我真的快疯了……”

一个6岁多的孩子就能够“连续跳绳50个，会游蛙泳，会骑两轮自行车，会自己打开电脑上网搜索喜欢的动画片，会查字典”，其智力水平和运动水平已经超过同龄的孩子一大截了。就这样，这位妈妈还是认为自己的孩子反应慢、理解力奇差，唯恐他输在起跑线上。要知道，6岁多的孩子其思维方式还是以形象思维为主，逻辑思维才刚刚发展，怎么可能理解这么复杂的算术题。这位妈妈就是在“不让孩子输在起跑线上”错误理论的影响下，错误地把理论运用到自己孩子的身上，走入了超前教育的误区。首先应该肯定的是她是爱孩子的，但是望子成龙心切，虚荣心作祟，又不明白孩子心理发育的特点，拼命向孩子灌输知识，也不管孩子能不能够理解和接受。而且，孩子在妈妈的暴力和责骂之下只剩下恐惧和害怕了，其思维和注意力早已停滞，所以孩子出现语言表达能力差、说话结巴也就不足为奇了。

专家提示

这样的妈妈让孩子的人生开端充满了黑暗和迷茫，怎么可能赢在起跑线上！如果这位妈妈一直坚持这种错误思想来教育孩子的话，最后就可能毁了这个孩子。

虽然这个例子比较极端，但是不可否认这个口号却深深地影响着很多家长。在幼儿园和小学阶段就不断地带着孩子上各种学习班、兴趣班，尤其到周末，孩子随着家长不停地奔波在各个学习点上，去参加各种考级班，让孩子的童年失去了欢乐！同时也禁锢了孩子的思维发展和知识面的扩大。一旦孩子没有达到家长的预期，责骂和压力就统统向孩子发泄和施加出来。即使没有责骂和压力，但是家长难看的脸色和讥讽的话语对孩子的心理暗示也不可忽视。

心理学研究表明，一些比较敏感、脆弱、独立性不强的人，如妇女和儿童，很容易接受心理暗示。一个人如果长期遭受消极和不良的心理暗示，会对人的生活产生恶劣影响。然而，让人痛心的是，这些给孩子施加不良心理暗示的人恰恰是被暗示者最爱、最信任和最依赖的人，如父母或老师。长此以往，不仅会给孩子成长造成巨大的心理障碍，更有甚者会葬送孩子一生的幸福。

为人父母，为人师表，必须透彻地了解心理暗示这把双刃剑，必须熟练掌握健康的、积极的心理暗示这个法宝，为孩子的健康成长保驾护航。对孩子全方位的积极暗示无形中会激发孩子的求知欲、上进心，增强孩子战胜一切困难的勇气和力量。久而久之，孩子就会成为一个自信豁达的人、有所作为的人。

三、正确理解早期教育

原联合国秘书长安南曾提出：“每个儿童都应该有一个尽可能好的人生开端；每个儿童都应该接受良好的基础教育；每个儿童都应有机会充分发掘自身潜能，成长为一名有益于社会的人。”联合国儿童基金会执行主任卡罗尔·贝拉米说：“在孩子出生后的前36个月，大脑的信息传递通道迅速发育，支配孩子一生的思维和行为方式的运动原处于形成阶段；当孩子学习说话、感知、行走和思考时，他们用以区分好坏，判断公平与否的价值观也正在形成。”毫无疑问，这是孩子一生中最容易受外界影响的阶段，也是最需要社会关怀的时期。

专家提示

早期教育应该是全面的素质教育，即儿童早期综合发展。儿童早期综合发展是指智力、体格、心理、情感和社会交往能力等全面发展，而不是单纯的智力教育。重视儿童的早期发展具有持久的影响。早期教育应该体现在孩子发育每个阶段的事事、时时、处处中。

早期教育必须要根据孩子的生理和心理发育特点来进行，任何超前或者滞后的教育都是不可取的。蒙台梭利说过，幼儿智力发展每个阶段的出现都是有次序的和不可逾越的。每个儿童都会以同样的顺序，由低向高地跨越智力发展的每个敏感阶段。人类的各种能力与行为存在着发展关键期的现象，在关键期内其行为可塑性最大，发展速度也特别快。如果在发展的关键期内进行科学系统的训练，可以收到事半功倍的效果。错过了相应的训练，会造成脑组织长期难以弥补的发育不良，外在表现则是人的能力和行为发展落后，对以前生命中的多种行为会产生显著的和不可逆转的后果。家长应该抓住孩子发展的每个关键期，帮助他们掌握这一时期应该学会的技能，并且创造各种机会让他们反复地进行操练，使得这项技能的神经连接通道成为大脑建构的永久部分被保存下来，而不是越组代庖超前教育。

在人生的赛场上，任何时候起跑都不算晚，只要他的生命没有终止。更何况起跑早的不一定赢得第一，说不定跑到半路上就累垮了；而起跑晚或起跑落后的也完全有可能在最后获得胜利，其事业辉煌、人生精彩。2004 年奥运会女子 10 米气步枪决赛，杜丽最后一枪反败为胜夺得金牌 。2012 年奥运会女子 10 米气手枪决赛在排名靠后的情况下，郭文珺以强大的内心控制自己，逆转夺得冠军。

专家提示

让孩子拥有一个快乐的童年，是我们做父母最基本的责任，不要再让“不要输在起跑线上”的口号来迷惑你了。

赏识教育与惩罚教育是教育的两把利剑，缺一不可

无论是赏识教育还是惩罚教育，如果走向了极端，就会毁掉我们的孩子。对于孩子的教育，一味赏识或者一味惩罚都是不可取的。

前几年，因采用赏识教育把自己双耳全聋的女儿培养成了留美博士生的周弘先生所倡导的赏识教育的理念在我国教育界影响很深，甚至波及一些家庭。此学说被一些人认为是继卡尔威特天才教育、MS·斯特娜自然教育法、蒙台梭利的特殊教育法、铃木镇一的才能教育法、多湖辉的实践教育法之后的第六种教育法，即“赏识教育法”。

于是，在一些媒体的大力宣传下，对孩子的教育就出现了“你真棒”“你能行”“为你喝彩”以及“赏识你的孩子”等言论，同时也大力宣扬“好孩子是夸出来的”。此时，图书市场相关书籍也纷纷上了书架，致使一些家长认为只要采用赏识孩子的教育，“每个孩子都是天才”，“天才就在你身边”，甚至认为“孩子的错都是家长的错”；为了“让孩子轻松成长”，家长要找出自己孩子身上的闪光点，并“架起亲子沟通的桥梁”，扩大他的闪光点以激励他的进步，孩子就会获得成功。

一、一味赏识不可取

提倡赏识教育的人认为“赏识教育是生命的教育，是爱的教育，是充满人情味、富有生命力的教育。人性中最本质的需求就是渴望得到赏识、尊重、理解和爱。就精神生命而言，每个孩子都是为得到赏识而来到人世间，赏识教育的特点是注重孩子的优点和长处，逐步形成燎原之势，让孩子在‘我是好孩子’的心态中觉醒；而抱怨教育的特点是注重孩子的弱点和短处——小题大做、无限夸张，使孩子自暴自弃，在‘我是坏孩子’的意念中沉沦。不是好孩子需要赏识，而是赏识使他们变得越来越好；不是坏孩子需要抱怨，而是抱怨使坏孩子越来越坏”。(摘自百度词条)。因此，家长、老师、学校纷纷采用赏识教育，打着尊重孩子的旗号，欣赏孩子张扬的个性，不敢对孩子的错误作为有任何责难，将孩子的错误大包大揽在自己身上，而不敢让孩子承担自己犯错误的责任。

但从现实来看，虽然对孩子们采取了赏识教育，拼命地欣赏孩子的闪光点，无限地扩大他的闪光点，自古以来就有“养不教、父之过，教不严、师之惰”传统的中国，我们的老师和家长变得不敢管孩子了，以至于发展到孩子与老师和家长对着干的地步，致使教育部在《中小学班主任工作规定》第十六条中明文规定：“班主任在日常教育教学管理中有采取适当方式对学生进行批评教育的权利。”批评本该是老师（不只是班主任，也包括其他任课老师）正常应该行使的权益，反而需要教育部明文规定，显得多么无奈和苍白无力。我们不禁疑惑——中国的教育怎么了？即使家长和老师对孩子批评不得、惩罚不得，可是我们的孩子还是觉得自己不幸福。孩子在赞扬声中长大，一直享受着别人对他的赏识，就好像躺在蜜罐里久吃蜂蜜不觉得蜜甜的道理一样，自然而然形成以自我为中心的价

值观。

可是，社会是十分复杂的，绝不因为你在学校和家庭一贯受到家长和老师的赏识而网开一面，所以一旦遇到批评或者挫折，由于不能理解、也难以承受这些挫折，也不敢承担责任，于是离家出走，甚至采取极端手段结束自己生命的事件频频发生。由此看来，单纯的赏识教育也不是一个理想的教育方法，不管赏识教育提倡者的主观愿望如何，但是它的客观效果并没有他们预期的那样好。

二、“虎妈”轰动美国的社会原因

当赏识教育之风还在劲吹的时候，一些媒体又在宣传美国华裔“虎妈”蔡美儿教授 。美国的《时代周刊》认为，这位“虎妈”是采取中国式教育方式来管教她的两个女儿的，她写《虎妈战歌》这本书，不少报纸纷纷进行了连载。这位“虎妈”教授骂她的女儿是垃圾，她为两个女儿制定十大戒律：1. 不准在外面过夜。2. 不准参加玩伴聚会。3. 不准在学校里卖弄琴艺。4. 不准抱怨不能在学校里演奏。5. 不准经常看电视或玩电脑游戏。6. 不准选择自己喜欢的课外活动。7. 不准任何一门功课的学习成绩低于 A。8. 不准在体育和文艺方面拔尖，其他科目平平。9. 不准演奏其他乐器而不是钢琴和小提琴。10. 不准在某一天没有练习钢琴或小提琴。自称“采用咒骂、威胁、贿赂、利诱等种种高压手段，要求孩子沿着父母为其选择的道路努力”。这些毛骨悚然的教育让中国妈妈汗颜，实在不敢恭维。

“虎妈”教授的教育方法轰动了美国教育界，并引起美国关于中美教育方法的大讨论。如今，讨论随着《时代周刊》的参与几乎达到了一个高潮。“虎妈”教授的故事还登上了最新一期《时代周刊》封面。其实，这种惩罚教育早已经不是什么新鲜玩意儿，为什么在美国都引起了这么大的轰动呢？在《培养有自制力的孩子》一书中，作者明确指出："在自我主义的风潮中，美国把希望寄托在了比较提倡爱的育儿法的斯波克育儿经上。但是，自我主义风潮过后，经过20年，回头看看孩子中心育儿法培养出来的孩子们，不禁对他们心灵的荒芜深感惊愕。这些孩子不仅以自我为中心、任性、不守规则，而且从动辄发火转向在教室里若无其事地施用暴力，在校园内用枪乱射，随便杀伤杀死数十人，滥用麻醉药，等等，甚至比自我主义时代更激烈地反社会，明目张胆地犯罪，这种倾向非常显著。这到底是怎么回事呢？在急需解决对策的情况下，里根政府花费了相当于国家项目预算的庞大开支，调查动辄发火孩子的背景和原因，结论是——其原因在于家庭。但是，当时的美国由于自我主义的影响，家庭崩溃的现象还存在，很难迅速改善家庭的育儿环境。于是，为了解决动辄发火孩子的问题，开发了'第二步（second step）'等教育项目进行尝试。但是，不断增加的孩子的问题行为，只在教育第一线是无法全部解决的。班级崩溃、教室暴力等已经远远超越了教师的努力及改善教育所能解决的范围，最终政治和行政手段出场了。1997年，美国开始全面实施'零宽容方式'。家庭和学校中的自由和宽大只能使孩子的心灵荒芜，绝不会使孩子幸福，这是美国20年的孩子中心主义育儿法'伟大社会实践'得来的宝贵教训。反省之余，进行了大的教育行政改革。引入'零宽容方式'10余年后，美国的校园恢复了平静。与此同时，斯波克育儿经提倡的孩子中心育儿法受到批判，美国家庭在反省之余摒弃了这种方法。"

其实，笔者还认为，在目前赏识教育之风越吹越烈的时候，必然同时会有一种相反的观点蛰伏着，选择在适当的时候破壳而出，这是事物发展的必然规律。只有两种相反的教育观点通过反复地较量，人们才会选择出一条正确的教育方法，以保障孩子健康地生长和成熟。所以"虎妈"的出

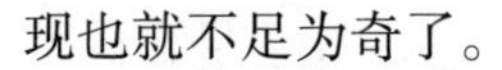

现也就不足为奇了。

《如何正面鼓励孩子》（刊登于《健康与心理杂志》）的作者李花说："心理学研究表明，适当的鼓励和赞扬，对塑造孩子的行为和培养良好的品德有举足轻重的作用。日本著名教育家铃木镇一曾经说过：'对孩子的鼓励和赞美不是无原则的，而应该是运用科学的、适当的方法，使孩子深切感到深入人心的鼓舞。'也就是说，不是所有的鼓励都是有效的，不是所有的鼓励都是好的。"

对于孩子采取什么教育方法，笔者一直认为教育者首先应该看到每个孩子之间都是有着千差万别的独立个体，对其绝不能千篇一律地采用某一种教育方法，并认为它是放之四海皆准的教育方法。

专家提示

在尊重孩子的人格和对孩子充满了爱的前提下，不同的孩子应该采取不同的教育方法，这就是俗话所说的"一把钥匙开一把锁"。

三、个别教育案例不一定适用于所有的孩子

不管是赏识教育还是惩罚教育，如果走向了极端，就会毁掉我们的孩子。要知道，每个孩子的成长不可能有第二次。不能因为自己成功培养了自己的孩子，就认为自己所采取的教育方法无限好、非常正确，可以适用于每个孩子。

无论是周弘先生还是"虎妈"蔡美儿教授，他们教育"成功"的案例（是不是成功的教育案例现在下结论还为时过早，因为上名牌大学和比赛

得奖并不意味着教育成功；我们也不能说上不了大学、却对社会尽自己微薄之力作出贡献的人就不是成功教育的案例。还要看到这个孩子进入社会后的适应情况以及对社会所作出的贡献）只是个别的案例，适用于他的孩子不见得就适用于别的孩子。

朗朗的爸爸对朗朗的教育也不是采取赏识教育的方法（也经常对朗朗采取惩罚的手段），但是他也成功地培养出闻名世界的钢琴家。震惊全国的徐立和西安秦某（化名）的杀母案恰恰是因为母亲严厉的教育而导致的一场人伦悲剧。正如北京市青少年法律与心理咨询服务中心主任宗春山分析认为："秦某的极端举动是母亲长时间过激刺激的结果。""现在的一些孩子往往感到很大的压力，受到挫折的时候有很强的攻击倾向。这种倾向包含着对他人情感、利益甚至生命的漠视，这种以自我为中心的人要以某种手段实现他的想法，这种手段就是暴力。"

四、赏识和惩罚缺一不可

对于孩子的教育，一味赏识或者一味惩罚都是不可取的，我十分赞赏这样的一句话："惩罚教育不等于是暴力教育、赏识教育也不等于表扬加鼓励。"我认为孙云晓先生说的一句话非常在理："没有惩罚的教育是不完整的教育。"以此推理，没有赏识的教育也是不完整的教育。

专家提示

两种教育思想确实都有它的独到之处，它们是教育上的两把利剑，缺一不可，必须将二者有效地结合起来，才能达到教育的目的。

赏识教育是赏识孩子的优点，对孩子充满了信任和理解，激发孩子前进的动力，挖掘他的潜能，并激励他经过自己的努力实现自己的愿望；惩罚教育是批评孩子的错误行为，惩罚可能会导致他误入歧途的不良行为，利用惩罚所产生的威慑力强行转化孩子的思想，在他的内心产生自我矫正、自我激励、自我鞭策的动力，培养孩子良好的行为习惯，养成符合我们这个社会的行为准则，让他们健康成长。但是教育的前提必须要爱和尊重孩子。正如苏联著名教育家马卡连柯指出的："如果学校中没有惩罚，必然使一部分学生失去保障。在必须惩罚的情况下，惩罚不仅是一种权利，而且也是一种义务。"

孩子出生以后，面对眼前的大千世界（家庭和社会）的影响，在成长发育的过程中会表现出各种各样的行为，作为家长和教育工作者就应该有意识地为孩子创造各种条件来帮助养成孩子符合社会要求的行为准则。对于孩子表现出的不同行为，我们需要采取不同的教育方法。对于孩子表现出的良好的行为，就需要我们家长采取赏识的态度，采取不同的强化物强化他的这个行为，使之养成一个良好的行为习惯。由于孩子发育不成熟，他的言行举止会表现出一些不好的行为，当孩子还没有意识到或者不能自制的时候，对于他的这些不好的行为甚至不良的行为，我们根据具体情况需要采取负强化、消退和消弱或者批评和惩罚的手段对他进行教育，使孩子的行为回归到正确的轨道上来。如果这时再强调赏识教育恐怕就不恰当了。

对孩子采取惩罚教育必须对惩罚的行为要明确、具体。当孩子的不良行为出现后必须立刻惩罚，我们所采取的惩罚物以及惩罚的力度要适当。在我们惩罚孩子的时候，一定要注意保护孩子的自尊心，如果能够结合孩子身上的一些闪光点对他进行教育，这种惩罚就能够起到非常好的效果，孩子在以后类似情境下发生类似的错误的概率就会大大减少。惩罚应该包括批评、体罚、隔离、学校和社会的行政惩罚措施等。

我也有一个独生女儿，我非常爱自己的女儿，但是我又是一个威严的母亲，在女儿心目中，我的权威性不容置疑。一般来说，我定下的规矩是不能破坏的。我关怀着女儿的成长，我会去赏识她的每一点进步，为了她的进步，我会创造一切条件去帮助她；对于她存在的缺点和错误也会及时地消灭在萌芽阶段，我采取过一些惩罚措施，甚至包括体罚在内。我对孩子严格要求的做法，有时她的班主任（她的班主任丁榕老师是全国著名的优秀班主任）也不能理解，经常与我进行沟通。虽然我没有“虎妈”蔡美儿的毛骨悚然的做法，也没有像周弘那样赏识自己的女儿，我的女儿学习成绩一样很优秀。在她求学的道路上，每次升学都是保送，她没有参加过任何升学考试，直至保送到北京大学，工作3年后又进入哈佛商学院攻读MBA学位（进入哈佛商学院必须具备3年以上的工作经历），当时她是这届年龄最小的学生。在她的学生时代，我支持她热衷于社会工作和公益事业，她曾任北京四中的学生会主席和当年北京市学联执行主席，现在还是上海市青联委员。至今她已经是经济领域中的一名精英，她的名字和身影也经常出现在一些平面媒体和电视上。

从女儿上小学开始就不断有人请我介绍育儿经验，但是我深深地知道每个孩子之间都有千差万别，适用于我女儿的教育方法不见得适用于别的孩子，别人的经验只能参考，不能照搬。但是有一条原则大家应该达成共识，即赏识教育和惩罚教育缺一不可，只有掌握好了这两把教育利剑，孩子才能健康地成长。

胎教是“教”胎儿还是“教”孕妇

胎教就是保证孕妇能够顺利地度过孕产期所采取的精神、饮食、环境、劳逸等方面的保健措施，胎教没有教育学的意义，更谈不上是隶属于早教的内容。

胎教，从字面上看应该是隶属教育范畴的一种教育理念，即对胎儿的教育。

1985年，经由国务院批准成立并授权，代表国家进行科技名词审定、公布的权威性机构——全国科学技术名词审定委员会给胎教下的定义是：调节孕妇饮食起居、思想修养及视听言行，促进孕妇身体健康，预防胎儿发育不良及培养胎儿气质品格的调养方法。

在《现代汉语词典》里“胎教”是这样解释的：“指孕妇在怀孕期间，通过自身的调养和修养，给予胎儿以良好影响。”

根据以上定义，我们毫不怀疑地认为胎教就是保证孕妇能够顺利地度过孕产期所采取的精神、饮食、环境、劳逸等方面的保健措施，以确保能够促进胎儿生理和心理的健康发育。因为母亲不健康，生出的孩子也不会强壮健康。中国优生优育协会胎教专业委员会主任委员刘泽伦教授也认为，用现代教育的概念来定义胎教是没有任何生物学基础的，胎教本身不属于教育范畴。由此所论，胎教没有教育学的意义，更谈不上是隶属于早教的内容。

但是，也有人认为胎教是根据胎儿各感觉器官发育成长的实际情况，有针对性地、积极主动地给予胎儿适当、合理的信息刺激，使胎儿建立起条件反射，进而促进其大脑机能、躯体运动机能、感觉机能及神经系统机能的成熟。换言之，就是在胎儿发育成长的过程中，科学地提供视觉、听觉、触觉等方面的教育，如光照、音乐、对话、拍打、抚摩等，使胎儿大脑神经细胞不断增殖，神经系统和各个器官的功能得到合理的开发和训练，以最大限度地挖掘胎儿的智力潜能，达到提高人类素质的目的。

人们称前者为“广义胎教”，也叫作“间接胎教”，主要是针对孕妇的；称后者为“狭义胎教”，又称为“直接胎教”，主要是针对胎儿的。采取哪种胎教最为合理呢？对此，学术界一直存在着激烈的争论，其争论的焦点是：胎教是针对孕妇还是针对胎儿的呢？回答这个问题就要从以下几方面进行分析。

一、胎教是对胎儿的教育吗

胎儿是否有学习行为？这种学习行为是指条件反射的建立吗？胎儿是否存在意识？在孕妇体外给胎儿的一些刺激，如光照、音乐、语言、触摸、拍打等，教育意义上的有益性、适宜性以及安全性如何？给孩子进行这些刺激究竟是胎教还是干扰胎儿正常的宫内生活？

1. 胎儿没有学习行为

“学习”一词《现代汉语词典》解释为：“从阅读、听讲、研究、实践中获得知识或技能。”胎儿既不能阅读，也不会进行研究和实践。虽然说胎儿4个月可以感知声音，6～7个月听力感受器发育成熟，可以分辨一些声音，但是他并不明白这些声音的意义，只能说是一种声音的刺激。而

且这些声音也是通过骨传导获得的，胎儿只能被动地接受声音，因此谈不上胎儿有主动学习行为。意识是人的头脑对于客观物质世界的反映，是感觉、思维等各种心理过程的总和，所以胎儿更谈不上有意识了。目前还没有科学的论证证明胎儿有学习行为。

2. 胎儿只有非条件反射

一些推崇胎教的人认为胎儿虽然在宫内没有学习行为，但是，胎教是为了给胎儿建立有意义的条件反射。对此也需要正确理解条件反射。

反射是机体通过神经系统对于刺激所发生的反应。根据反射产生的不同条件分为非条件反射和条件反射。非条件反射是有机体在种系发展过程中形成并遗传下来的反射。人最基本的非条件反射，如新生儿的吸吮反射、觅食反射、握持反射、迈步反射和防御反射（如对寒冷、强光的反应）等，这些先天带来的本能是人出生后能够在这个世界上生存下来的基本能力。条件反射是在非条件反射的基础上建立起来的。条件反射是人或其他动物为适应环境变化而新形成的反射活动；条件反射是后天习得的，胎儿的反射只涉及非条件反射。

一些研究表明，婴儿在出生后 9 ~ 14 天时即出现第一个天然性条件反射——当妈妈抱起已经母乳喂养的新生儿时，还没有把乳头放进他的口中，他就出现了吸吮动作。这是因为新生儿的大脑皮层内已经通过新生儿与妈妈肌肤接触以及其关节内的感觉和半规管平衡觉等这一复杂的刺激的组合与紧接而来的食物之间建立了条件反射，说明大脑内这一系列的神经通路已经连接。

专家提示

中国学前教育研究会秘书长王化敏也认为，胎儿在母体里根本不具有学习能力，也谈不上“教育”二字，因此教育界没有人研究胎教。她说，现在不少专家或机构利用人们教子心切、望子成龙的心情，蓄意炒作胎教概念，有很强的商业目的。

二、外界刺激是胎教还是干扰

目前一些胎教工作者推崇的光照、音乐、语言、触摸、拍打等胎教手段主要是给胎儿视觉、听觉和触觉方面的刺激，这些刺激又与神经系统发育密切相关。那么这些胎教手段是否具有有益性、适宜性和安全性呢？对胎儿进行这些刺激究竟是胎教，还是干扰胎儿的正常宫内生活？

在讨论这个问题之前，先要了解胎儿在宫内的发育过程以及相关系统的发育情况。

从精子和卵子结合之日起到孩子出生，人体的生长要经历两个连续发育阶段：受精后1～8周为胚胎阶段，其中2～8周是胚胎各器官形成阶段，这个阶段也是对致畸因子非常敏感的阶段，许多畸形都是在这个时期形成的；从孕9周到出生（即脱离母体之时）为胎儿期，胎儿期是胎儿体内各个系统逐渐建立，并且进行分化的时期。但是，大脑和一些泌尿生殖器官还需要出生后继续发育、分化，直至成熟。

1. 神经系统的发育

神经系统于孕3周初开始发育，出现神经板；在3～4周，由神经板发育为神经管（神经管是中枢神经系统的雏形），神经管逐渐形成脑和脊髓；

在孕12～20周，神经细胞开始移行到大脑皮层、小脑皮层等位置；孕20～24周，大脑皮层神经细胞移行完毕。移行中的神经细胞按一定规律到达指定的位置，同时神经细胞也要移行至小脑皮层，最终到达正确的位置。孕5～6周开始到孕20～24周，各脑叶从发生到可以分出。脑的成熟开始于孕24～28周。

发育过程中的中枢神经系统的神经细胞不断增殖，孕10～18周是神经细胞数量增殖的第一个高峰，孕30周直到出生后第三个月是神经细胞增殖的第二个高峰，到1岁神经细胞增殖才完成，然后是神经细胞的自我肥大和功能的逐渐完善。

在神经细胞数量增加的同时，脑细胞内部的结构也随着胚胎和胎儿的发育而进一步分化。在此期间，神经细胞分化出更多的神经纤维，以便建立神经通路。同时在孕12周左右，神经细胞开始通过神经纤维互相连接，建立神经通路以接受信息并传导信息。

为了加快信息的传递速度，确保信息在传导的过程中不至于流失，同时让不同的信息各行其路，并对传入的信息反应迅速，神经纤维又要经历髓鞘的包裹，这个过程在医学上称为“髓鞘化”。髓鞘化从孕12～24周一直延续到成人阶段。

孕期神经系统髓鞘化要完成50%，主要是感觉神经和运动神经的髓鞘化。与高级思维、高级情感以及高级感觉有关的神经系统的髓鞘化需要到出生后进行，大约到3岁时继续完成全部神经系统髓鞘化的80%～90%。

专家提示

如果在神经细胞增殖和神经细胞移行的过程中孕妇缺乏叶酸、蛋白质等一些营养素供给，有病毒感染、缺氧以及不良情绪等发生，就有可能发生神经管畸形、脑细胞的发育以及结构分化不完善，对婴儿将来的智力发展将有很大的影响。

因此，作为孕妈妈，要想使自己的子女聪明，必须从孕前到胎儿出生阶段，按照胎儿大脑发育的规律，保证饮食中有孩子发育所需要的蛋白质以及其他营养素，减少疾病的发生，保持精神愉悦。

2. 从视觉系统的发育看光照胎教

(1) 胎儿视觉系统的发育过程

通过视觉系统，人能够感知外界的各种事物和属性，为人类生存提供了具有重要意义的各种信息。也就是说，人类将外界的物象通过光的作用，经过眼睛晶状体的折射，将物象投影到眼睛的视网膜上，然后视神经将这个投影传递到大脑的视觉中枢，经过视觉中枢处理后形成知觉，以辨认物象的外貌和所处的空间，及该物在外形和空间上的改变。脑部将眼睛接收到的物象信息分析出4类主要资料：物象的空间、色彩、形状及动态。有了这些资料，我们可辨认外物，才知道这个物象是什么，并对此作出及时和适当的反应。婴儿时期，孩子所获得的信息90%是通过视觉系统获得的。

人的眼睛发育起始于胚胎第4周，在胚胎第7周开始形成上下眼睑，孕第10周出现连接眼球和大脑的视神经，孕16周时胎儿开始对光亮十分敏感，当手电筒的亮光照射母亲的腹部并穿透子宫壁时，胎心加快并随着手电筒的开启和闭合而发生变化。在孕16～20周时，胎儿眼睛的内部结构

开始逐渐形成，分化成视网膜、血管膜、纤维膜、晶状体、玻璃体和眼神经等结构。到孕 24 周末，胎儿的眼睛开始睁开，可以在黑暗中一开一合，眼睛的闭合和睁开动作逐渐活跃起来。孕 28 周末开始有视觉，具有了视觉反应能力。

（2）光照对于胎儿的视觉系统发育以及视觉反应能力的提高没有任何意义

因为子宫内是黑暗的，胎儿的眼睛即使能够在黑暗中睁开或闭合，但没有可观看的信息，也就谈不上视觉神经通路的应用，也就产生不了视觉。因此，光照胎教就失去了存在的意义。

给予胎儿光照刺激不仅对胎儿视觉的形成毫无意义，而且会使得胎心跳动加快，人为地干扰了胎儿的平静生活。特别需要指出的是，频繁的光刺激容易引起胎儿的激惹反应，让胎儿对光过度敏感。这种光照对于胎儿和他生活的子宫环境来说，实际上就是一种光污染。因此，这种光照刺激不但可能影响胎儿的睡眠质量和生长发育，而且由于有的手电筒光谱中的红光属于长波光线，还可能对胎儿的眼部造成一定的伤害。

3. 从听觉系统的发育看音乐、语言胎教

（1）胎儿听觉系统的发育过程

在胚胎第 8 周，听觉器官开始发育；4 个月的胎儿即可对外界的声音有所感知，而且胎儿得到的声音特别丰富，凡是能透过身体的声音，胎儿都可以感觉到，这是因为人体的血液、体液等液体传递声波的能力比空气强得多。这些声音信息不断刺激胎儿的听觉器官，并促进其发育。胎儿 6 ~ 7 个月时听觉感受器已经基本成熟，具备了听力，且听觉迅速敏锐起来。他会把头转向某一个声源，而且还能分辨各种声音，能辨出音调的高低强弱并对此有敏感反应。听觉器官至大脑中枢的神经通路，除丘脑皮质外，均在孕 36 周以前完成髓鞘化。同时，胎儿对宫外声音也开始产生喜欢

或者讨厌的行为反应，例如，噪声可以引起胎儿眨眼或者惊跳。以后随着胎龄的增长，外界声音可以引起或中止胎儿正在进行的运动，如张口等细微的反应。但如果环境不安静，胎儿耳道中有大量胎脂，饥饿或正处于机敏状态，外界的噪声常不能引起上述的反应。

对胎儿最有吸引力的是妈妈的声音。胎儿平时在子宫里听到最多的声音就是妈妈腹主动脉的搏动声、妈妈的心跳音、血管内血液流动的声音、妈妈的肠鸣音以及妈妈的说话声，胎儿会在醒着的大部分时间里倾听这种特殊的音乐。

(2) 音乐对胎儿来说只是一个单纯的物理声波

国内医学超声界的著名专家、中国科学院声学研究所的牛凤岐教授一直关注声波医用的安全有效性问题。牛凤岐教授认为，声波是一种机械波或称应力波，是机械振动在物质中的传播。目前所谓的音乐胎教，其实质是将声波作用于胎儿，胎儿不能分辨出所接收到的究竟是乐音还是噪声，音乐对胎儿来说只不过是一种机械干扰。从专业上讲，音乐胎教属于医学干预，是人为地影响胎儿成长发育的一种行为。

相隔一定距离对着孕妇播放音乐时，因为人体组织和空气的声阻抗相差很多，声波撞在孕妇的腹壁上，大部分会被反射回去，进入体内的声音很小。妈妈体内的噪音（心跳、肠鸣音和腹主动脉血流声音）有时竟可达到85分贝，因此有可能淹没从体外到达体内的大部分声音。而且在羊水的浸泡下，胎儿不可能以耳听声，主要靠骨传导来完成对声音的感觉。声音经过孕妇腹壁的吸收衰减，频谱发生改变之后，胎儿所接收到的也不是原来的音乐了，而只是一个单纯的物理声波，也就失去了音乐胎教的意义。

目前胎儿医学研究认为，声音传到子宫，100Hz～200Hz声音基本上是不失真的，超过2000Hz或80分贝将有损胎儿的听力神经，造成胎儿听觉敏感性降低。若声音再大就称之为噪声，胎儿会发生痉挛性的胎动。在没

有仪器帮助的情况下，人很难通过听力辨别音量。现在所谓的给胎儿听音乐的胎教方法，并没有依据表明胎儿可以感受得到。目前我们还没有依据证明，声音通过孕妇的腹壁进入胎儿耳朵的声音有多强，胎儿的听觉是否能耐受这样的声音强度。孕妇根本就没有办法掌握胎儿所听到的音乐的音量，如果胎教音乐不合格，或者使用方法不当，它很可能成为有害的噪声。对胎儿造成易干扰和易激惹性，甚至可能对孩子的听力造成一定的伤害，使得胎儿的听力阈值下降，引起胎儿对一个音量比原来低的声音更加敏感。这种情况有可能是因为不恰当的声音刺激造成胎儿神经高度紧张，对声音高度异常敏感所致，而不是一些热衷于声音胎教的人认为由于声音胎教的作用，使胎儿变得更加伶俐了。

专家提示

一些热衷于胎教的人认为，在做音乐胎教时，孕妇感到胎儿活跃起来，胎动明显增多，是胎儿“闻乐起舞”，其实有可能是胎儿对此声音高度敏感而发生的激惹现象。因为胎儿在不到这个阈值时就开始兴奋，会造成胎儿过于敏感，如果长期处于这种敏感的状况，实际上是对胎儿的一种损伤。

音乐胎教的可行性以及数据是否安全、可信，目前还没有被任何科研机构认定。同时市场上的一些胎教光碟，合格与否也还没有一个权威性机构来作一个科学的判断。因此不能盲目肯定音乐胎教对胎儿的作用。美国的加利福尼亚大学的哥顿·肖也认为：“虽然胎儿能听到外界的声音（包括音乐），并且可用动作来回应，但是我们并不能确认他是喜欢还是讨厌。”

音乐本身是抽象的、瞬间即逝的，它不像图画和文学作品那样直观和具体，成人欣赏和理解音乐尚且存在着一定的难度，何况给胎儿听音乐。因此，不管是音乐还是语言，对胎儿来说只是一种声音的刺激，他并不理解音乐和语言的真正含义。中华预防医学会儿童保健分会主任委员朱宗涵认为，对于婴幼儿教育的内容应和婴幼儿发育的成熟程度相适应，“胎儿发育的成熟度决定了它接受不了音乐、语言等教育”。胎儿能感受声音，但是不能感受音乐。只有当人的认知能力、情感的发育达到相当水平的时候才可以感受和应用音乐。

（3）所谓的胎教效果从未得到过学术界的认可

中国医师协会儿童健康专业委员会主任委员、亚洲儿科营养联盟主席丁宗一教授认为：“如果胎教不属于教育的范畴，作为医学的一类，胎教既没有相应的医学科学分类学特征，也没有得到相关管理部门的认可。音乐胎教对孕妇甚至是胎儿是否有用，究竟有多大的用处，需要一个科学的论证。”同时丁教授指出：“一个科学的、严谨的论证过程首先要经过设计实验，然后找出处理数据的统计学方法，最后明确它所验证的因果关系。也就是说，别人（包括世界不同地区的研究人员）再重复你介绍的方法时，也同样获取了类似的数据，它所呈现的那些规律要经受时间、空间的考验。”

丁教授认为，从20世纪80年代初提出胎教理念至今已有30多年，这期间一些所谓的胎教专家很多只是通过没有严格设计的观察得出结论，没有合格的研究报告，也没有在国家权威医学杂志上以论著的形式发表，这样看到的效果并不足以证明那就是真正存在的现象。丁教授认为，一般来讲，医学中的理论、技术和药品要应用于人类，首先必须经过动物实验，在没有问题的基础上再进行临床的3期验证，证明有无毒副作用，最后才可能得到学术界的认可和有关部门的批准。如果没有经过这样一个严格的过程而直接用于人，是违反医师道德法则的。

4. 从触觉系统的发育看抚摸、拍打胎教

（1）胎儿触觉系统的发育过程

胎儿的触觉出现得早，甚至早于感觉功能中最为发达的听觉。这是因为黑暗的宫内环境限制了视力的发展，所以胎儿的触觉和听觉相比视觉就更为发达。触觉是轻微的刺激兴奋了皮肤浅层的触觉感受器引起的感觉；压觉是较强的机械刺激导致深部组织变形时引起的感觉，两者在性质上类似，所以统称为感知觉系统。

胚胎第 6 周形成皮肤，且具有了感觉，胎儿能够扭动头部、四肢和身体。胎儿 10 周皮肤出现压觉和触觉，4 ~ 5 个月胎儿的触觉与 1 岁的孩子相当。

当母亲的手在腹部触摸到胎儿的脸时，他会作出皱眉、眯眼等动作。尤其在妊娠最后几周，由于胎儿日益增大，充满了整个子宫，羊水减少，导致胎儿的皮肤紧贴着子宫壁。这时，孕母用手抚摸胎儿会引起胎儿的反应。如果在腹部稍微施加一些压力，胎儿立刻就会伸出小手或者小脚回敬一下。当接触到胎儿的手心时，他马上就能握紧拳头作出反应，而接触到胎儿的嘴唇时，他又会噘起小嘴作出吮吸反应。

专家提示

早教专家刘泽伦教授指出："有感觉不等于有知觉，知觉是建立在感觉基础上的，是出生以后才建立的。"

（2）过度刺激胎动可能造成脐带绕颈

胎儿在妈妈的子宫里大部分的时间都是在睡眠中度过的，甚至大小便也是在睡眠的过程中完成的。在胎儿第五个月时妈妈开始感受到胎动，胎动是因为胎儿在子宫内伸手、踢腿或者翻身撞击子宫壁造成的，但是出现胎动并不表明胎儿是处于清醒状态，也有可能是伸伸懒腰，变换一下体位继续睡觉。当然，也有可能是在游戏。

胎儿在一天之中，胎动有两个活跃高峰，一次是在上午7～9点，一次是在晚上11点到第二天凌晨1点。其他时间，尤其是清晨，胎动相对较少。大致的规律是每小时在3～5次，每12小时胎动在30～40次。如果胎动减少，说明孩子可能缺氧；如果胎动过于频繁，说明缺氧或者过于敏感，应该及时去医院诊治。

一些主张胎教的人建议孕20周开始进行触摸、拍打胎教，并提出这种胎教应该在胎儿清醒的时候进行，每天进行2～3次，每次2分钟。但是我们无法判断胎儿胎动时是在清醒状态还是处于变换体态继续睡眠的状态中，另外抚摸和拍打的力度多大才是给予胎儿良性的刺激而不至于引起胎儿不正常的躁动。否则这种胎教完全有可能干扰胎儿在宫内的正常生活规律，造成对胎儿的伤害，因为频繁的刺激胎动有可能造成脐带过紧、脐带缠绕或者胎盘功能异常而危及胎儿的生命。

正如美国最权威的脑神经科学家约翰·梅迪纳在他的著作《让孩子的大脑自由》中写道的："让孩子清静一点吧，他们不喜欢被打扰。子宫的最大好处就是避免了各种刺激。子宫里黑暗、潮湿、温暖，对胎儿来说，像防空洞一样坚固，而且没有外部世界的各种纷扰，非常安静。这是胎儿早期大脑发育所需的最佳环境。"同时他还说："到目前为止，没有任何科学证据能证实这些产品（指胎教产品）对提高胎儿的大脑发育有丝毫帮助，而且也找不到任何相关效果检测的双盲随机试验；更没有任何有力证据能说明胎教课程可以持久提高孩子的智力水平，并让效果延续到高中阶段。由此可见，胎儿大学和莫扎特效应都没有通过科学的严格检验。"

人类种族繁衍进化的过程是经过千万年的演变和优化选种的结果，形成了目前繁殖后代的一种所谓程序化的宫内发育的过程，我们为什么非要

打破和干扰这个人类优化的程序呢！

三、胎教应该是针对孕妇的

鉴于以上分析，我们认为胎教是应该针对孕妇而不是针对胎儿，针对胎儿的胎教毫无科学依据。明白了这个前提，建议胎教应该包括以下的几个方面。

1. 孕前准备

（1）孕前心理准备

夫妻双方从心理上做好接纳新生命的准备，培养父爱和母爱的责任心，建立最初的并伴随终生的亲情纽带。

（2）营养储存

孕前夫妇双方都应该多吃一些富含叶酸的食物，如动物肝脏、深绿色蔬菜和豆类。最迟从孕前3个月开始每日补充叶酸0.4毫克，持续至整个孕期和哺乳期，主要目的是为了降低胎儿的神经管畸形（如无脑儿、脑积水、脑脊髓膜膨出、脊柱裂）以及早产的发生，同时降低胎儿眼、口、唇、腭、胃肠道、心血管、肾和骨骼畸形的发生率，降低高脂血症发生的危险。

（3）孕前健康准备

• 建议提前11个月接种乙肝疫苗。因为乙肝疫苗是按照0、1、6个月的程序进行接种，这样才能保证怀孕前产生抗体，如果接种后产生的抗体少或者没有产生抗体还来得及进行加强免疫。

• 提前10个月进行全面的健康体检。如果原有一些疾病，需要及时治疗，待医生认为适合怀孕时方可怀孕或者根据医嘱选择怀孕时机。

• 提前8个月接种风疹疫苗。风疹是宫内感染的疾病之一，风疹病毒可以引起胎儿先天性心脏病、白内障、耳聋、发育障碍等。建议接种后2个月检查抗体是否产生，如果没有产生建议及时补种。

- 无论是男方还是女方，在计划怀孕前6个月戒烟、禁酒，远离吸烟的环境，避免被动吸烟的伤害，拥有健康的精子和卵子，为孕育健康的宝宝打好基础。

- 提前6个月治疗牙病（这里谈到的牙病包括龋齿、牙周炎等），因为严重的牙病不但可以造成胎儿畸形，还可导致流产或早产。如果没有牙病，建议最好洗牙一次以清洁牙齿。

- 不要与宠物在一起。猫、狗身上有一种人和动物共同感染的疾病弓形体病，虽然发病率很低，但是一旦孕妇与被弓形虫感染的猫、狗以及它们的排泄物接触，或者食用了没有煮熟的肉类就有可能感染。孕妇没有特异的临床表现，但是在胎儿的早期可以发生流产、早产，中晚期可以引起胎儿中枢神经系统的损伤，造成脑瘫、脑积水、小脑畸形以及视网膜脉络膜炎。有的孩子虽然出生后没有明显的症状，但是数月或者数年后逐渐出现视力下降、耳聋、小脑畸形或智力低下。

专家提示

严重糖尿病、肾脏病、癌症病人不宜怀孕；贫血、高血压、心脏病、红斑狼疮、癫痫需要治疗后病情平稳或者遵从医嘱方可怀孕。

2. 孕期良好的自我管理

（1）情绪管理

由于受到妊娠所带来的生理和心理上的双重影响，紧张、易怒、抑郁等现象已经成为很多准妈妈在怀孕期间所普遍遇到的情绪困扰。国内外的很多研究都表明，孕妇的情绪与宝宝将来的行为和情绪存在着微妙的联系，焦虑和沮丧情绪可能会增加宝宝在未来发育过程中的风险。研究指出，胎儿生长发育所需的营养成分，是由母亲血液循环通过胎盘提供的，母亲的情绪变化会影响营养的摄取、激素的分泌和血液的化学成分。健康向上、愉快乐观的情绪会使血液中增加有利于胎儿健康发育的化学物质，分娩时也较顺利。因此孕妇情绪问题直接关系到胎儿健康。

孕妈妈情绪不佳、不稳定，长期处于过度紧张、恐惧、忧虑、痛苦等负面情绪中会对胎儿产生不良的影响。此时孕妈妈会分泌肾上腺素，使血管收缩，子宫供血减少，胎儿的生长发育受阻，而发生先天性发育不良。

建议孕妈妈首先要清楚怀孕生子是一件非常正常的事情，保持平静自然的心态；孕妈妈可通过参观艺术展、欣赏艺术品、听自己喜欢的优美音乐等陶冶情操，保持愉快的心情，同时做到生活规律。

因为胎儿在孕 28 周时便可以通过母亲的活动用脑感觉昼夜的周期，32 周末时已能感知母亲的高兴、激动、不安和悲伤，并能作出不同反应。

（2）营养管理

• 孕早期

这一时期孕妈妈的膳食应尽量清淡、适口，且少食多餐；保证摄入足够富含碳水化合物的食品；多摄入富含叶酸的食物并补充叶酸；戒烟、禁酒；保证适量含碘的食品摄入，如加碘食盐以及海产品（海带、紫菜、海鱼和虾贝类）的摄入，避免胎儿甲状腺激素合成减少以及甲状腺功能减退，新生儿克汀病的发生。

• 孕中、晚期

在普通人膳食安排的基础上，适当增加鱼、禽、蛋、瘦肉及海产品的摄入；适当增加奶类的摄入；常吃含铁丰富的食物；进行适量的运动，维持体重的适宜增长；戒烟、禁酒，少吃刺激性的食物。

根据2012年4月卫生部颁布的《儿童营养性疾病管理技术规范》：孕妇应加强营养，摄入富含铁的食物。孕妈妈应该为自身健康和孕期储存足够的铁。如果孕前期妇女贫血很容易造成早产或出现低体重儿，严重影响胎儿的健康以及出生后的智力发展。从妊娠第三个月开始，按元素铁60 mg/d口服补铁，必要时可延续至产后；同时补充小剂量叶酸（400 mg/d）及其他维生素和矿物质。

专家提示

分娩时延迟脐带结扎2～3分钟，可增加婴儿铁储备。

（3）运动管理

根据怀孕的不同时期做好相应的运动，如日常的家务劳动、慢跑、散步、韵律操，甚至游泳（需保证水质卫生）等，以达到做好孕期体重管理的目的。

（4）减少不利环境的影响

不去环境污染的地方，如噪声、电磁波、高温、被动吸烟、大气、水、土壤等污染；重金属污染的环境，如汞、铅、苯、装修材料的污染等；生物污染，如病原微生物侵袭，各种传染病。妊娠不要使用禁忌的药物，尽量不要去高原缺氧地区。

正确认识早期教育和亲子班

在早期教育中，家庭教育是极其重要的，是其他任何教育不可替代的。亲子班是早期教育的一部分，是家庭教育的补充。

现在，早期教育的理念已深入人心，几乎每个家长都认为孩子出生以后应该对其进行早期教育，不少家长以为对孩子进行早期教育就是参加亲子班学习，在对早期教育和亲子班的认识上产生了种种误区。

专家提示

早期教育是指从出生到进入小学以前这段时期，对儿童进行一定的有目的、有计划、有系统的教育，目前多指对0～3岁婴幼儿的教育。谈到早期教育，很多人都以为指的是亲子班教育。其实，亲子班的教育只是早期教育的一部分。除此之外，早期教育还应该包括家庭教育和社会教育，其中最主要的应该是家庭教育。

一、早期教育首先是家庭教育

在早期教育中，家庭教育是极其重要的，也是任何其他教育不可替代的。正如前国家副主席宋庆龄说的："孩子长大成人以后，社会成了锻炼他们的环境，学校对年轻人的发展也起着重要的作用，但是，在一个人的身上留下不可磨灭的印记的却是家庭。"

家庭是社会组成中的最基本单元，是孩子赖以生存的地方，家庭给了孩子温饱和成长的场所，同时也是孩子生活中的安全港湾，孩子对家庭的归属感最强。孩子出生后，家庭为之提供了人之初的学习场所，是孩子人生的第一课堂，父母责无旁贷地承担起对孩子进行启蒙教育的第一任老师。将孩子从一个自然人培养成为社会人，是父母和家庭最早、也是必须要承担的社会义务。孩子在家人的养育下学会独坐、爬行、站立、走路、说话、生活自理，学会如何与人交往，建立正确的行为准则，养成良好的行为习惯，初步懂得遵守社会法则，等等。在家庭的日常生活中，时时处处充满了早期教育的契机。正如教育家陶行知先生所说："生活即教育，社会即学校。"在良好的家庭教育下成长起来的孩子应该是一个充满了自信、热爱生活、遇到困难百折不挠、有着独立人格和社会责任感的人。家庭教育是一种终身的教育，家庭教育的好坏不但影响着一个人的一生，而且往往还要延续几代人。

0～3岁阶段是孩子与自己父母建立亲密依恋关系的阶段，属于家庭教育的一部分。这种亲子依恋关系直接影响到孩子以后各种社会关系和人际交往的发展。正因为孩子最依恋的对象是自己的父母，对自己的父母最信任，父母最具有权威性，因此父母对孩子的教育也最具号召力和感染力。这种启蒙教育具有先入为主的优势，孩子愿意听从自己父母的教诲，对父

母教育最愿意接受。

专家提示

婴幼儿具有的一种学习方式就是观察、模仿和复制，孩子9个月开始出现延迟模仿现象。父母和家人就是孩子学习和模仿的榜样。

不管你们愿意不愿意，不管你们是否有意识地去这样做，也不管这种举止行为是好还是坏，他们随时随地都在模仿和复制着父母和家人的举止行为，即使一些行为举止没有马上表现出来，但是由于潜移默化的影响也会伴随孩子的一生，在条件适当的情况下就会表现出来。苏联伟大的教育家马可连柯曾经说过这样的一句名言："不要认为只有你们同儿童谈话、教育他、命令他的时候才是教育。你们是在生活的每时每刻，甚至他们不在场的时候，也在教育着儿童。你们怎样穿戴，怎样同别人谈话，怎样谈论别人，怎样欢乐，怎样对待朋友和发愁，怎样笑，怎样读报——这一切对儿童都有着教育意义。"因此，父母和家人每时每刻都在有意无意地对你的孩子进行早期教育。

在孩子的世界观和价值观还没有形成的时候，他们认为自己的父母是最正确的。从父母的思想、举止、品德和价值观开始形成对社会的初步认知，以后孩子的举止都会印刻着家庭的各种印迹。英国教育家洛克曾经说过："我们幼小所得的印象，哪怕是极小的，小到几乎察觉不出，都有极其重大和长久的影响……"如果在孩子幼年时期不能正确地教育他们，使孩子养成不良的意识和行为习惯，将给以后的再教育带来几倍、几十倍的困难。

二、亲子班是家庭教育的补充

亲子班是早期教育的一部分，是家庭教育的补充。亲子班教育有它的特殊性，即亲子班教育的主体以孩子和他的父母共同作为接受教育的对象（要不然怎么叫亲子班呢），其教育方式是父母与孩子在老师的指导下进行互动，在父母和孩子的亲子互动游戏中教会家长如何观察和了解自己的孩子，教会父母掌握亲子教育的方法与技巧，对孩子进行早期干预，指导父母及时发现自己孩子发展的潜能，实施相应的教育，促进宝宝更好地进行全面发展。

同时，通过亲子班活动将有利于父母和孩子做好情绪和情感上的沟通，促使父母和宝宝都有一个好心情，实现各自在情感上的满足，有利于更好地建立安全的亲子依恋关系，有利于婴幼儿从小形成健康的人格，以后将更好地适应未来社会。

父母在亲子班的活动中也促进了自身素质的提高和完善，帮助其成为合格的家庭教育者。对孩子早期教育的过程也是父母和孩子共同成长的过程。

对于独生子女来说，亲子班中有更多的同龄的宝宝，为孩子提供了同伴之间进行良好的社会交往的场所，有利于孩子交往能力的提高。由依赖家长、被家长照顾、服从家长的权威的不平等的交往，逐渐转为孩子间平等、公平、互惠、分享的交往，这是家庭环境所不能给予的，为宝宝将来的人际交往能力发展打下良好的基础。同时也为大多数没有育儿经验的父母提供了互相交流育儿经验的场所。

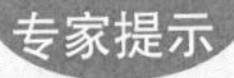

上亲子班是对婴幼儿进行早期教育的好途径之一，但是不能狭隘地理解为上亲子班才是对孩子进行早期教育。

亲子班在国外已经普遍存在，跟国外相比，我们还是有很大差别的。我参观过一些国外的早教班，都是父母带孩子来上课，几乎看不到老人和保姆带着孩子来上课。我曾经在美国第一品牌的早教中心参观过，那里的老师并没有使用双语进行教学，而是单纯使用他们的母语——英语授课。教课老师都是相关专业的大学本科生和硕士生，甚至是博士生，每次课后他们都要就孩子在课堂中的表现分别向家长进行点评和交流，指导意见都很有针对性，家长受益匪浅。相比，中国的亲子班很多都是爷爷奶奶，甚至保姆带孩子上亲子班，毕竟在文化、年龄和认识上有差别，其负责程度和理解能力就大打折扣了。

亲子班与幼儿园的教育是不同的。幼儿园教育是以孩子作为教育对象，采取老师教、孩子学的教育方式，其目的是为了培养孩子的各种能力，促进孩子全面发展，同时为孩子将来更好地适应小学教育打下良好的基础。很多亲子班的从业者并没有弄清楚这个问题，将幼儿园的教育方式带到亲子班，形成老师讲、家长执行，老师让家长怎么做，家长就怎么做，一节课下来，家长和老师就像完成任务一样，跟孩子的互动很少，甚至没有。这样的亲子班就失去了早教的本质意义。

目前，我国亲子班教育的现状不容乐观。现在的家长多为独生子女，缺乏育儿经验，他们迫切希望有人指导他们，因此一些亲子班、母婴学习机构根据市场的需求应运而生。如何实施0～3岁婴幼儿的全面科学的发展，我国还缺乏政策上的引导和保障，我国的师范院校也没有设置0～3岁的教育专业。这些早教机构多是在工商部门注册的，目前还没有行业的规范性和科学性的考核和评估，没有任何机构能对这些早教机构进行有关教学内容的监督，对于他们采用的教学方法的成效也没有进行跟踪分析，这些早教机构学习的内容是否具有科学性、是否符合婴幼儿生理心理发育的特点就更难说了。

专家提示

国内的一些早教机构，包括一些所谓的引进的国际品牌的早教机构，存在着鱼目混杂、良莠不齐的现象，选择一个正规的早教机构是比较难的。个别的“早教”工作者在利益的驱使下，抱着各种目的，急功近利，混淆概念，提出了一些违背大脑发育自然规律的论点或言论。

新华网《新华每日电讯》在《婴儿早教年花费上万元，有无必要》文章中说：“目前市面上的‘早教’机构，无论是打着奥尔夫音乐、蒙特梭利的理论，还是打着多元智能理论，多数经营者难以真正掌握这些国外的教育理念。几乎所有的早教机构都声称采用‘专家’精心编制的课程内容，但事实上只是将国外的理论进行拼凑和改造。而在国外，对早教教师的资格认证十分严格，任何专业毕业的教师都必须通过专门的资格认证才能上岗。目前众多的早教机构只是招收幼师毕业的老师，她们所学的知识和实际教授的内容有较大区别，即使经过岗前培训，也是机构内的‘自产自销’，难以担负起早教的重任。”

三、怎样选择亲子班

正因为亲子班的特殊性，所以一个完美亲子班必须具备以下四大要素：

1. 从业者必须有爱心

早教是一个关于“爱”的职业。苏联教育家马可连柯曾经说过：“没有爱，就没有教育。”作为亲子班的从业者必须爱孩子、热爱自己的工作，如果没有对孩子的爱，没有对职业认同，再专业的人也无法做好这个工作，也无法被孩子喜爱。

2. 具有专业的师资

亲子班的老师必须是对0～3岁婴幼儿生理、心理发育特点非常了解的人。现在大学的学前教育专业主要学习的是针对3～6岁孩子教育理论和教育方法，虽然有些老师是学前教育专业毕业，但对婴幼儿还是不太了解，这需要进行专门的培训。师资的培训直接决定了亲子班的质量。

3. 亲子班环境

亲子班的办学地点必须安全，环境适宜，具有达到卫生标准的房舍、设施和设备，严禁在污染区和危险区内设置亲子班。严禁在亲子班内设置威胁婴幼儿安全的危险设施，同时消防设施齐全，使用的教具和玩具必须是无毒、无害材料制作而成的。

4. 亲子班的教学内容

亲子班的教学内容必须符合婴幼儿阶段大脑和心理发展的特点。另外，针对孩子之间千差万别的变化，必须采取因材施教、因人施教的教育方针。由简单到复杂，由集体到个体，循序渐进，遵从教育的一般原理，让孩子的心智获得全面发展。任何超前的教育或者误导的教育都是错误的。

四、早期教育需要注意的问题

在早期教育过程中需要注意以下几个问题：

1. 早期教育不是单纯的智力开发，还包括非智力因素的培养

现在一些家长认为给孩子进行早期教育就是开发孩子的智力，往往忽略了非智力因素的培养，即情商的培养。0～6岁是发展情商的关键时期，这一阶段是情感能力的学习最佳时期，其情感经验对于孩子的一生具有深远、持久的影响。

2. 早期教育包括生活自理能力的培养

一些家长错误地认为对孩子进行早期教育就是学习书本知识，认为孩子只要多认字、会算术、会背唐诗宋词就够了。掌握生活自理技能也是早期教育的内容之一，让孩子学会该年龄段应该掌握的生活技能，逐渐提高生活自理能力，掌握最基本的生活常识，有助于增强孩子的自信心和独立性，有助于孩子将来自立于社会、自立于生活，同时也有助于孩子良好个性的形成。

3. 早期教育不是超前教育

教育必须顺应大脑发育的客观规律去激活孩子的潜能，任何超前和滞后的教育都是违反大脑发育规律的，都是不可取的。个别家长对孩子的期望值很高，热衷于超前教育。一些亲子班为了迎合家长的这种心态而设计了不符合孩子生理、心理成熟度的超前教育课程，超过了孩子的身心发展水平与认知接受能力，孩子学习时感觉压力大，体验不到学习的乐趣，产生厌恶学习的情绪，抹杀了孩子思维活跃的天性，造成孩子自我评价过低，不但让孩子失去了快乐的童年，也影响了孩子一生的发展。

谈谈我对小婴儿游泳训练的看法

“游泳”确实可促进小婴儿的生长发育，但家长必须高度关注“游泳”场所和设备的安全性，否则容易埋下交叉感染疾病和意外伤害婴儿生命安全的隐患。

近年来，国内盛行新生儿或小婴儿游泳训练，这是孩子出生后需要训练的诸多种运动方式中的一种。我对孩子出生后进行游泳训练还是很赞同的。当然，这种“游泳”不是真正意义上的游泳，称为“戏水”和“玩水”更为贴切（以下游泳我都用上引号），是孩子与水亲密接触的一种运动方式。

一、“游泳”的优点是显而易见的

• 孩子在胎儿阶段是在温暖的、被羊水包裹着的子宫里生活，出生后就失去了这个环境。环境的改变使得孩子不适应，通过出生后把孩子放在温暖的水中，让孩子重又回到熟悉的环境中，有利于孩子的情绪稳定，建立安全、积极的情感。

• 皮肤是新生儿最大的感觉器官，通过水流的按摩刺激，促进孩子的触觉和平衡感觉的发育，也有助于本体觉的建立，使得孩子的感觉更加灵敏。

● 运动可以促进新生儿和小婴儿的食欲增加，促进了食物的吸收，有利于孩子的发育。

● 而且由于运动促使肠蠕动增强，也有利于新生儿胎便排泄，减少肝肠循环，因而缩短新生儿黄疸持续的时间或者减轻黄疸程度。

● “游泳”使孩子的肌肉、骨骼、关节都得到锻炼，使运动功能发育得更好，同时还能够更快地促进大脑内神经通路的连接。

● 水温和室温之差锻炼了婴儿皮肤和体温中枢的调节功能，有助于提高抗寒能力，锻炼了免疫系统，增强了孩子的体质。

● “游泳”运动还可促进循环系统的发育，增大孩子的肺活量，加快新陈代谢的速度。

● 每次“游泳“过后孩子都能愉快地入睡，而在睡眠中生长激素分泌旺盛。通过一些科学家研究证实，进行过“游泳”训练的孩子，生长速度明显高于怀抱着的孩子，而且少生病。

鉴于婴儿“游泳”能有效地刺激婴儿各个系统的发育，促进婴儿大脑、骨骼和肌肉的发育，所以世界各地先后开始关注婴儿“游泳”。不少国家的政府机构和学术团体积极倡导婴儿“游泳”，并以多种方式鼓励更多的婴儿参加“游泳”训练。在美国、英国、俄罗斯以及日本等国都设立了婴儿“游泳”训练馆，孩子们使用胸圈来“游泳”，既安全也便于按摩。目前又流行起亲子“游泳”，就是父母与孩子同在游泳池内戏水，一方面让孩子亲密与水接触、戏水，家长在一旁保护着孩子；另一方面通过亲子“游泳”，还有助于建立亲子依恋关系。

二、婴儿“游泳”需注意的问题

“游泳”虽然很好，但是也需要注意以下问题：

- 严格选择“游泳”的孩子。如出生时发生窒息的孩子、患有需要治疗的疾病的孩子、小于32周的早产儿、体重低于1800克的低体重儿都在禁忌之列。
- 掌握严格的水温和室温。新生儿阶段水温保持在37℃～38℃，婴儿在夏季水温控制在34℃～36℃，冬季水温是35℃～37℃，室温26℃～28℃。
- “游泳”同时还要伴随着按摩抚触，有利于克服孩子的恐惧感，有利于孩子的睡眠。
- “游泳”应该在哺乳1个小时后进行。
- 必须有专门设计的游泳池、游泳水、游泳圈和辅助设备，还要有经过培训的医护人员的指导。
- 必须保证一人一池，如果孩子的脐带没有脱落还应该在下水前贴上防水贴，以防造成感染。

三、不建议使用脖套泳圈

国内出售的家庭用（一些医院也是这种装备）婴儿“游泳”专用设备大多是一个直径大约是80厘米的软塑料桶，高约1米，用金属条固定起来，底部有一个排水口。游泳圈是一个开了口的气圈，套在孩子的颈部，共有2个，用于不同体重（或年龄）的孩子。同时还赠给一个测量水温的温度计。这种设备是国内独创的，在一些商家狂轰滥炸式的宣传下，受到不少家长的追捧，因此一些婴儿游泳机构和某些医院为此获得了不少的经济利益。

这种“游泳”使用的颈圈充好气后，需要一个人很费力地掰开气圈开口的两侧，另一个人需要配合拿气圈的人，抬高孩子的下巴，才能准确无误地把气圈的内经套在孩子的脖子上；然后将粘在气圈开口的尼龙搭扣按上，才能将孩子放在水里。孩子凭借颈部游泳圈的浮力在水中游动。看到孩子在狭小的塑料布制作的桶里扑腾着游动，给人一种紧张和不安全的感觉。

首先，颈部泳圈充气过多会造成孩子颈部不适，颈椎活动受限，而且孩子的下颌必须努力抬起才能适用颈圈；充气不足又不能在水中支撑婴儿体重，使其漂浮在水面上。这种颈圈使得孩子感觉不舒适或者产生不安全感。

其次，在人体的颈部外侧中点，颈动脉搏动最明显的地方有略微膨大的部分，称为颈动脉窦，为人体压力感受器。颈动脉窦内有许多特殊的感觉神经末梢，如果颈动脉窦受压会即刻引起血压快速下降、心率减慢甚至心脏停搏，导致脑部缺血，引起人的昏厥甚至死亡。这是十分危险的事。正像一位专家所说的：“对于人体来说，颈动脉窦可以算是唯一的死穴，用力稍大就可能会引起严重的不良反应。”当然颈动脉窦也不是对所有的人都是死穴，但是对于颈动脉窦敏感的人就十分危险了。

专家提示

脖套泳圈使用很不方便，制作简陋，内径毛糙，不但可能划伤孩子颈部皮肤，更重要的是，因为使用不正确容易压迫颈动脉窦引发危险的发生。

最后，孩子“游泳”是依靠颈部的气圈漂在水面上产生的浮力而进行的，孩子在运动的过程中时常急促地转动身躯，在转动身躯的过程中需要克服水中的阻力，这对于婴儿发育稚嫩的颈椎和颈椎关节来说，很容易造成损害，这种损害往往后果是十分严重的，甚至是不可逆的伤害。如果操作者在水里通过拉动颈圈快速移动孩子的话就更危险了。

目前，在我国独有的这种“游泳”方式没有通过管理部门的许可和监管，也没有相应的卫生防疫部门对婴儿游泳馆进行有关空气、水质、游泳池设备安全性能的监管和检测。这就埋下了交叉感染疾病和意外危害婴儿生命安全的隐患。医务界对采用此种方式游泳一直持有不同的意见，但是在商家和某些医务工作者的宣传之下，很多的家长对这项“游泳”训练仍然趋之若鹜。一些毫无专业知识的家长购买了这些婴儿“游泳”的设备，自行在家里让孩子“游泳”，其安全性实在让人担忧。一些不具备专业知识和卫生条件的婴儿游泳馆也纷纷开张营业。据报道，上海有一名两个月大的婴儿在家里游泳发生窒息，险些酿成大祸；南方一名6个月大的婴儿在家中游泳，因为颈圈不适，从鼻腔进水，造成溺水死亡。

鉴于以上所述，对于在国内盛行的这种小婴儿“游泳”方式不得不让人疑虑重重：训练新生儿和小婴儿“游泳”是不是属于医疗行为？这种“游泳”设备是不是做了有关安全性能的科学鉴定？这种“游泳”设备是属于医疗设备还是属于玩具？如果属于医疗设备，那么是否通过了国家医疗设备部门的技术鉴定？医学专家是不是首肯了这种训练方式？对孩子的颈椎是不是有损害？有没有长期的跟踪观察和临床结论？如果是属于玩具的话，有没有通过国家的3C认证？然而，这一切都没有。

正如一位妈妈评论说：“脖套泳圈在许多国家都是禁止出售的。脖套游泳圈在美国没有卖的，因为美国的宪法把婴幼儿的抚育和监护放在一个极端重视的位置，一切有可能损伤孩童的器具、食品等，全部要经过严格的审查和试验。”孩子的生命只有一次，对于小婴儿来说，他们没有任何自卫的能力，完全依靠家长的呵护，任何一点小小的安全方面的疏忽都有可能酿成灭顶之灾。因此，家长应该选择最安全、最科学的方式来养育自己的孩子。更何况小婴儿出生以后有多种多样的运动训练和活动方式（不管是主动运动还是被动运动），不只是婴儿“游泳”这一个项目。

专家提示

如果家长非常愿意自己的孩子“游泳”的话，建议使用胸圈“游泳”，或者亲子“游泳”。必须到专业的婴儿游泳场所去游泳，而且泳池的安全、卫生、操作者的专业水平是首要重视的。

不能拿孩子的一生去赌明天

当你决定要生育自己的孩子时，就要做好为孩子负责的心理准备。养育孩子不能照搬别人的经验，而应通过细心观察，总结出一套解决自己孩子问题的办法来。

在寒假里，我带已经4岁的外孙子回到北京继续学习轮滑。因为幼儿园老师反映外孙子平时表现出怕苦、怕累，尤其是体育课上表现得更为突出。于是3岁时就开始让他学习轮滑，一来是为了提高他的素质，掌握一些体育技能，同时3岁又是小儿开始学习轮滑的最佳年龄；二来是通过轮滑学习帮助他克服怕苦、怕累的思想。尤其外孙子是个男孩子，更应该从小培养他吃苦耐劳的精神，这对于外孙子的一生都是有好处的。

我们有幸先后请到了两位很好的教练，在他们严格和耐心的指导下，外孙子很快就滑得有模有样了。每周3～4次、每次1个小时的一对一的训练课程（共12次）和每周1次集体班的训练课，对于刚进入4岁的外孙子来说的确是一个不小的挑战，虽然中间也有因为累和教练的惩罚而号啕大哭的时候，但他还是能坚持下来。

每当我看到外孙子反复训练转圈做交叉步时：小小的孩子，弯着腰，弓着腿，快速地转圈并做着交叉步，从每次转圈只能做1个竟然进展到最后可以连续做30多个，确实让我感到孩子身上蕴藏着很大的潜力。我在一边看着他快速转圈都觉得眼晕。当外孙子结束训练时，摘下他的头盔，整个头像从水里捞出来一样。说实在的，我真的很心疼，但是还不能有丝毫的流露，还必须适当地表扬他，鼓励他继续克服劳累，树立自信心。

其实，对于外孙子来说，由于训练一次比一次有进步，虽然教练有严厉惩罚的一面，但更多的是表扬和鼓励，尤其是训练课的最后几次出色的轮滑动作，外孙子看到小朋友们羡慕的目光和听到家长们的不断赞叹声，立马表现得更加出色，也不喊累了，穿着轮滑鞋不停地去冲击高坡，一反在幼儿园表现出的怕苦、怕累的思想。

看着孩子的表现不知为什么突然又让我联想起了《完美妈咪》杂志的一位主编在年前给我打电话拜年时谈到我说的一句话。她说："在今年《完美妈咪》第二期卷首语结尾'孩子就是你的作品，他永远摆在你的面前'——现在再看看这句话，还真有一定的道理。"

其实这句话是我经常说给女儿听的。我告诫女儿，事业虽然重要，家庭和孩子同样也重要，千万不能因为事业而忽略了家庭和孩子。家庭是你随时养精蓄锐、休养生息的幸福港湾，孩子就是这个家庭精心生产的一件"作品"。在工厂里生产出一件废品你可以丢弃在一边或者接受教训再努力去制作合格的产品，随着岁月的流失，你可能会将自己生产的废品忘得一干二净，但是孩子——这件"作品"，他会一辈子摆在你的面前，不管是优质还是劣质。一旦由于你的疏忽和失职使孩子成为"废品"或"残次品"，那将是你一辈子也摆脱不掉的心中的痛，到时再后悔已经来不及了，因为时光不能倒流，孩子不可能有第二次成长的机会。虽然有"浪子回头金不换"之说，但是不能拿孩子的一生去赌明天。正如《发现母亲》的作者王东华所说："母亲不论事业多么辉煌都不应放弃母亲的责任，许多成功女性以孩子的不成才为代价而备受人尊敬，其实这正是一个女人最大的失败。居里夫人的成功无人能比，但依然把女儿培养成了诺贝尔奖获得

者。”为此，一个事业型的女人就要比男人付出得更多，这是责无旁贷的，因为你还有另一个称谓、也是终身不能改变的称谓——母亲。因此，在一次记者就“女职业人如何处理好家庭、孩子和事业的关系”为主题对女儿做人物专访时，女儿谈到对家庭和对孩子的责任时就引用了我的话。

由于我国执行的是计划生育政策，大多数家庭都养育一个孩子，因此孩子的教养获得了空前绝后的重视。但是，现在的年轻父母与我们这一辈的“铁饭碗”不同，他们捧的是“瓷饭碗”，要经受着更多的就业压力和职场竞争，这只“瓷饭碗”随时有可能被打碎。女人与男人一样，必须担负起家庭的全部经济重担。鉴于以上种种原因，不少女士只好将孩子生下后完全抛给了隔代人，自己在外拼搏。在孩子本该建立亲子依恋的时候，却错失了依恋的对象。亲子依恋关系将会影响孩子一生的成长，错误的依恋关系会对孩子全面素质的培养和人格的发展造成不可挽回的损失。

由于0~3岁的早期教育是我国学前教育缺失的一部分，所有的师范院校的学前教育专业主要针对的是3~6岁孩子的教育，因此嗅觉灵敏的商人针对我国这段教育上的空缺，各种早教班（亲子班）和各种早教理论应运而生。尤其是网络，成为了宣传这些早教学说最直接、也最容易被年轻人接受的学习平台。岂不知网络上的一些知识难免鱼目混珠、良莠不齐，一些不明真相的年轻父母却对此极为青睐，将某些早教理论奉为宝典，在自己孩子身上试验着。完全没有想到世界上本没有两片相同的叶子，每一个孩子都有自己的特点，对别的孩子产生极好效果的做法，对自己的孩子未必合适；适用于外国的教育理论，未必适用于中国；适用于这个家庭的教育理论，未必适用于那个家庭。

苏联教育家马卡连柯说：“教育学是辩证法的科学，绝对不允许有教条存在。”“家庭教育的秘诀必须坚决摒弃”，因为“最好的方法，在若干情况下，必然成为最坏的方法”。苏霍姆林斯基也指出：“无论什么教育原理，在这种情况下十分正确，在那种情况下可能不起作用，而在第三种情况下则有悖情理。”

专家提示

在养育孩子时，我们不能将别人的经验奉为至宝原盘照搬，而是通过家长自己细心观察，总结出一套解决自己孩子问题的办法来。

一些所谓的胎教、闪卡训练、赏识教育、双语教育、数学训练……一直在误导着我们的一些家长，我们家长不能让自己的孩子去做这些学说的试验品，去验证那些所谓的先进的早教理论。一旦发现它们是错误的，再想挽回、重新开始已经是不可能的了。

一些家长将早期教育的希望寄托在社会的亲子班和幼儿园上，往往忽略了家庭是孩子的第一课堂，父母是孩子的第一任老师，也是终生的老师。对孩子实施早期教育首先应该对父母进行教育，学习如何做父母。因为孩子在日常生活中是以父母为榜样进行模仿和学习的，父母必须要提升自身的素质。养育孩子的过程，也是父母和孩子共同成长的过程。

我带孩子参加轮滑训练时，看到一个母亲对学习轮滑的孩子照顾得无微不至而且亲力亲为，但是每次在他们坐过的椅子下面丢弃着吃剩的冰激凌盒、冷饮瓶以及湿漉漉的一片水渍，临走时还将使用过的各种脏纸巾全部拨拉在地上，在光洁的地面上十分抢眼。这位妈妈领着孩子扬长而去，其实不远处就是垃圾箱。我想他的孩子除了跟着她来学习轮滑外，还顺带学会了什么呢？

一些家长攀比心太重，往往把自己没有实现的理想强加在孩子的身上，因此期望值甚高，无形中孩子又成了家长培养“神童”计划的对

象——剥夺了孩子快乐的童年。家长忽视了孩子自我服务技能的培养以及社会交往能力的训练，拼命灌输各种书本知识，企图超越同龄孩子，使孩子沦为强化记忆的机器。虽然孩子一时表现得出类拔萃，但是随着时间的推移，这种优势逐渐会消失得无影无踪，但是错过了当时的敏感期内应该获得的知识和技能却难以再补偿。这种例子频频出现在报纸、刊物上。意大利早教专家蒙台梭利说得好：幼儿智力发展每个阶段的出现都是有次序和不可逾越的。每个儿童都会以同样的顺序，由低向高地跨越智力发展的每个敏感阶段。

要做一个优秀的家长，必须要不断努力学习育儿知识，提高自身的教育意识，根据自己孩子的情况进行独立思考；必须清醒地认识到，真正天才和真正愚笨的孩子是极少数，绝大多数孩子都是平常的孩子，但是他们各自身上的潜能都会闪现第一次，等待着家长去发现并挖掘出来进而不断强化，成为孩子的一项特殊能力。因此，家长不但要细心观察自己的孩子，善于发现自己孩子特殊潜能呈现的第一次，不断强化这种潜能，使这种潜能作为一种特殊能力保存下来，这才是符合孩子大脑发育规律的教育。家长不但要重视教育的结果，更要重视教育的过程。

专家提示

一个优秀的家长必须具备先进的教育意识，同时也要掌握先进的教育方法，并且根据自己孩子的情况不断调整教育的手段，以达到培养孩子的目的。

孩子的教育是一个长期的、艰苦的、脚踏实地的实践过程，家长绝不能凭着自己的直觉、兴趣或者心血来潮办事。也不能为了孩子，自己成了“孩奴”而丢失了自己。我还是那句话：当你决定要生育自己的孩子时，就要做好为孩子负责的心理准备，为孩子作出自己应该作出的牺牲。这不是“孩奴”，这是你人生篇章中开启的另一项工作，也是人类发展的长河中每个家长必须要做的承上启下的工作，因为推动世界的手是摇摇篮的手。

我特别赞赏新浪育儿微博说过的这样一段话：“好妈妈绝不是为孩子牺牲一切的妈妈，她不会为孩子失去自我，反而会借助孩子完善自我。她一定有自己的生活和爱好，有正面诠释人生、感知幸福的能力；她懂得让自己尽量愉悦，并能让丈夫和孩子也感受到她平静和积极的心态；她会坚定地给孩子传递一种生活态度：任何时候都要珍惜生命，享受生活！”

最后还是让我引用某报纸（忘记了这份报纸的名称）的一句话作为结尾：“孩子是一件精细的艺术品，就像钟表一样，既然要让我们组装，那么我们怎么能不先成为一个制造家呢？孩子又像是一架巨大的航天飞机，既然要我们设计，我们又怎能不先成为一个工程师呢？育儿的过程是父母和孩子共同成长的过程，不能拿孩子的一生去赌明天。”

孩子认汉字的最佳年龄

3～6岁是孩子认字的最佳年龄，父母应帮助孩子通过阅读和游戏自然而然地学习认字，提高孩子的学习兴趣，促进其认知水平的提高。

新浪育儿博客曾经开展了小儿早认字利与弊的辩论，应新浪育儿博客编辑的邀请，我写了一篇有关的文章。当时辩论似乎向一边倒，不管是一些专家还是博友，都纷纷认为让孩子“早”识字不好，不利于孩子的发展，是揠苗助长。我无意参加这个辩论，因为这个问题一直是教育界（主要是学前教育界）争论不休的问题。至今，我还是坚持我的看法，进行这样的辩论必须设定前提：什么是“早”？“早”的时间定位标准是多少？是指出生后到1岁前，是1～2岁，还是2～3岁，还是4～6岁？不同的年龄段，在儿童的心理发展上是有很大区别的。必须先把这个前提搞清楚，再进行讨论也不迟。没有这个前提，一切辩论都是无意义的。因为孩子的各种行为都存在着关键期（即敏感期）现象，学习认汉字同样也有敏感期。

一、孩子认字也有敏感期

我提倡的是根据脑科学的研究，家长或教育者应该具有敏锐的洞察力，发现孩子某种行为闪现的第一次，实际上这就是某种行为敏感期的开始。家长能够及时地抓住它，并创造各种机会不断地去强化它，促使这条神经通路保留并固定下来，成为大脑永久建构的一部分，使孩子的潜能逐渐发展成为他的一种能力。这就是早教专家常常说的“抓住了孩子发展的敏感期进行训练就会收到事半功倍的效果”。同时也需要家长注意的是：每个孩子同一种行为敏感期出现的时间是不同的，而且同一个孩子在不同敏感期表现的形式也是不一样的，即使是同一个敏感期，不同的孩子表现的形式也是不相同的。

专家提示

天底下没有相同的两片叶子，别人的经验不能完全复制在自己孩子身上，只能提供参考和借鉴，因此教育必须提倡个性化。

在一次由中国少年儿童出版社举办的“学前儿童双语国际教育研讨会”上，来自京沪两地的教育专家认为，孩子学汉字的最佳年龄段为3～6岁，让孩子及早阅读对培养孩子学习兴趣有利而无害；并且认为，目前我国小学教育从学习汉语拼音开始（大约6周时间），然后看图读拼音识字不利于孩子思维的发展；而且由于识字晚、识字少，远远不能满足孩子智能的发展。与会专家们认为，如果孩子在上学前认识2000字左右就基本解决了孩子阅读的问题。日本东京有多所教幼儿识字的幼儿园，据他们从1967年开始的一项研究，5岁开始学部分汉字的孩子智商可达95，4岁时开始学的可达120，而3岁时开始学的可达130。

以上专家们的观点也符合蒙特梭利有关敏感期的早教观点。蒙特梭利认为，4岁以前是形象视觉发展的关键时期，汉字虽然是符号，但是它与一些外文字母大相径庭，外文必须经过拼音才能形成词语，才能读懂含义；中国汉字是由象形文字演变而来的，具有形、象、义，其古人造字的形象都与人们的日常生活、劳动操作、天文景观、大自然中的万物密切相关。而且，一些文字各个部分的排列很容易让人产生一幅画的感觉，它很形象，如果将字拆开，每个部分可表达一定的意思，但往往又与原来的字有着相关的联系。读出一个汉字就代表理解了这个字的含义，而且还可以与不同的字配对组成不同含义的词语；有的字可以由几个虽然不同但与这个字有相关含义的字组成。

所以，当孩子学习认汉字时，很容易把汉字与现实生活中的实物联系起来，并明白它的意思，进而引起学习的兴趣，更易记牢。例如，羊有两个犄角、一条尾巴，孩子在学习“羊”字时就会看到字的上面有犄角一样的一点一撇的两个笔画和拖着的一条“尾巴”，这样孩子就很容易学会这个“羊”字了；再例如“掰”字，可以告诉孩子“掰”字就是用两只手同时分开一件东西；又例如“播”字，可以组成“广播”“播放”“播种”“播音”“转播”“播散”等词语，训练孩子的发散思维。

虽说汉字是汉语的基本符号，但是它留在孩子的大脑中是一个表象（表象是指人们在头脑中出现的关于事物的形象），形象思维就是凭借表象来进行思维的。因此，3 岁以后随着记忆力的发展，启发孩子的形象思维，让孩子多看、多听、多说、多接触，对于即将进入形象思维阶段的孩子来说的确提高了他的认知水平，丰富了书面语言水平，发展了他的智力。

二、3 ~6 岁学习认汉字符合左右脑的发育规律

3 ~4 岁是孩子从直观动作思维逐渐向形象思维过渡的时期。所谓的直观动作思维，是指孩子借助对具体事物的直接感知和动作进行思维，并发

现问题和解决问题，离开了具体事物的感知和动作，孩子的思维就停止了；而形象思维则是凭借储存在大脑中的表象来进行思维。

4～6岁是形象思维时期，思维已经从事物的外表向内部、从局部到整体进行判断和推理，从理解事物的个体发展到对事物关系的理解。形象思维属于右脑的功能，右脑是没有语言中枢的哑脑，但是有具体形象思维、发散思维、直觉思维中枢，主管人的绘画鉴赏、自然风光观赏、音乐欣赏、节奏、舞蹈以及态度和情感。右脑具有类别认识、图形认识、空间认识、绘画认识、形象认识等能力。

对于孩子来说，中国汉字就像一幅画、一张图，认字的过程就是鉴赏“画”的过程，所以3岁以后开始学习认字是符合孩子左右脑发育规律的。通过认字还能培养孩子的细微观察力和思维力，因为一些汉字确实需要仔细观察才能正确认识，如“报”和“极”、“这”和“过”、“地”和“他”、“大”和“太”等。孩子必须要比较、找差别，经过思考才能认识准确。一些不同的字还能组成新的字，如“日”和“月”可以组成一个新字“明”，因为在月亮和太阳的照射下大地才能明亮；有意思的是，当天空出现一次太阳和月亮后就是“明天”的开始。这种组字对于孩子来说就像是游戏和猜谜语一样，可以激发孩子学习的兴趣。因此，认识汉字有助于孩子的注意力、观察力、想象力、思维力、记忆力的发展。

而外文符号（包括汉语拼音）与数字一样，同属逻辑思维范畴，它归属于左脑的功能。左脑有理解语言的语言中枢，主管人的说话、阅读、书写、计算、排列、分类、语言回忆和时间感觉。它进行的是有条不紊的条理化思维，即抽象思维。所以说，左脑是一个理性的脑，是工具，又叫“学术脑”。

0～6岁是孩子右脑功能发展的时期，而逻辑思维是在孩子6岁以

后才开始迅速发展的。所以，我国语文教学将拼音学习安排在6岁以后孩子开始发展逻辑思维这个阶段。如果不很好地利用3～6岁（正处于右脑发育的关键时期）这个阶段去学习汉字，就错过了这个良好的时机，等到上小学才开始通过拼音学认字，岂不是走了国人学习外文的道路。我们为什么不能将老祖宗留下来的东西直接利用，而非要绕道而行呢？

三、阅读和识字相互促进

现有的小学学习方式局限了孩子阅读的发展，而阅读带给孩子的是知识的增长和眼界的开阔。我们都知道，一个人的知识不能只依靠自己亲身经历的事情来获得，更多的知识是需要通过学习间接知识来充实自己的头脑的。如果孩子因为不认识字而不能阅读的话，自然就失去了获得更多知识的机会。所以，一些早教专家，包括前美国总统老布什先生的夫人芭芭拉，在美国一直致力于推广早期培养儿童阅读的好习惯。古人说：“书中自有黄金屋，书中自有颜如玉。”可见，古人对阅读也情有独钟。

3～6岁是孩子开始认识汉字的最佳年龄。

专家提示

北京大学著名婴儿心理学家孟昭兰教授认为：“一些心理学家认为，对婴儿进行识字训练有着对大脑留下记忆痕迹的作用。但是，父母应当本着亲切和蔼的态度、自然而然的原则去进行，使之变得具有游戏性质，绝不可强求。”

认字为孩子独立阅读架起了一座可行的桥梁，孩子建立的早期阅读习惯又为认字打开了一扇方便的求知大门。家长在日常生活中要密切观察自己的孩子，抓住孩子闪现的认字苗头，通过阅读和游戏自然而然地学习认字，提高孩子学习的兴趣，促进其认知水平的提高。

孩子应该几岁开始学习外语

脑科专家认为，3~12 岁是孩子学习外语的最佳时期。超过这个时期，母语保护系统的阻力就会加大，学习起来就困难了。

语言是在人类进化发展过程中发生、发展起来的，是人脑的高级功能，也是人类特有的神经、心理活动。它是人类进行社会交往的工具，也是表达个人思想情感的重要工具。语言是后天习得的，是学习一切知识的基础，语言的发生和发展对婴幼儿的认知水平的提高有着非常重要的作用。随着我国经济快速发展，与外国的交往日益频繁，因此培养孩子从小学习外语也成为家长的一项重要任务。

孩子什么时候开始学习外语好呢？目前人们有着不同的争论。一些人认为孩子越早学习外语越好，因为这个时候你给他讲英语和汉语都是一个效果，在孩子的大脑里会留下印象，形成对语言环境的适应，到了 6 岁以后这样的功能就会衰退，最后消失。他们还举出了卡尔·威特的教育法，证明孩子从小学习多种语言，就可以毫不费力地像小卡尔·威特一样掌握多种语言。但是绝大多数专家认为，“越早学习外语越好”是一个认识上的误区，并不符合教育的规律。

根据儿童身心发育的规律，0~3 岁是母语发展的关键期，应尽量避免第二种语言的干扰，保证母语的发展；3~6 岁是母语的巩固期，还是母语优先。3～12岁开始适量地学习外语，这个时候引入外语主要不是让孩子学会外语，而是引起对外语的兴趣，看外语的动画片，听外语的歌谣，感受外语的语音节奏，让孩子感知世界是多元化的，多感受一些异域文化比多背几个单词或多学几句口语要重要得多；6岁以后再系统地学习听、说、读、写外语。更何况，让孩子过早地接触各种语言，在孩子学习说话的阶段很容易引起语言思维的混乱，孩子反而连母语都不能很好地掌握了。

一、孩子如何开始学外语比较好

孩子什么时候学习外语需要从以下几个方面分析：

1. 大脑语言功能区的发育

2005年，世界科技类最具权威的刊物英国《自然》杂志上刊登了我国教育部设在解放军306医院的认知科学与学习重点实验脑功能成像中心与香港大学合作的一项最新科研成果。这些专家通过研究认为，人脑的语言功能区有两个，一个是位于前脑的布鲁卡区，另一个是位于后脑的威尔尼克区。同时经过研究表明，使用表意象形文字的中国人与使用拼音文字的外国人的大脑中，语言区不在同一个地方。

中国人有自己独特的语言区，就是前脑的布鲁卡语言区。中国人由于从小学习中文，所以他的布鲁卡区非常发达，后脑的威尔尼克语言区平时几乎用不到，因此功能极弱，在脑影像图上不易找到。根据大脑皮层各个功能区分布的特点，越是机能相关的部分，相互间的距离越近。前脑的布鲁卡区与运动区紧密相连。中文语言的记忆主要靠“运动”，因为中国象形字结构灵活，需要多理解、多记忆。因此，要多看、多写、多说、多读等多项运动相结合才能获得记忆学好中文。

而使用拼音文字的人，常用的是后脑的威尔尼克语言区，布鲁卡语言区几乎用不到。威尔尼克语言区更靠近听力区，对语言的记忆主要靠听、说，因此学习拼音文字的人应注重营造一个语音环境，做到多听、多说，这样才能获得良好的学习效果。

布鲁卡区和威尔尼克区开始发育到成熟的时间不同。布鲁卡区在2~3岁时开始快速发育，在10~12岁时发育成熟。人在幼年时期，这一部位非常灵敏，但随着年龄的增长，灵敏性呈下降趋势。

由于中国人小时候没有激活威尔尼克语言区的神经通路，威尔尼克语言区长期处于抑制状态。根据大脑神经突触用进废退、优胜劣汰的修剪原则，威尔尼克语言区渐渐失去了它应有的功能和作用，所以成人用布鲁卡语言区去学习外文主要是注重背单词、语法、阅读和写，而不善于听，更不愿意去说（哑巴外语），所以用学习中文的方式去学习外语就会很困难。

而3~4岁以后的小儿学外语却比成人快，这是因为此时小儿大脑的布鲁卡语言功能区发育还没有结束，而威尔尼克语言功能区也处于发育阶段，这个时期小儿母语已经基本掌握后，通过学习外语激活威尔尼克语言功能区的神经通路。因此，脑科学专家认为，孩子学习外语3~12岁为最佳时期，也就是在布鲁卡区发育成熟之前学习拼音文字的外语。超过这个时期，母语保护系统的阻力就会加大，学习起来就困难了。

2. 语言环境对孩子的影响

在人类社会中，语言是人类心理交流的重要工具和手段。要想让孩子掌握好第二种语言，就必须让孩子处于这种语言的环境中，反复地使用学会的第二种语言与人进行沟通和交流，这样才能熟练地掌握这门语言。

不同文化背景下的孩子，其母语发展的过程是类似的，如2个月可以发音，6个月可以模仿大人发音，1岁可以说出单个词，18个月可以说出几个词语，2岁可以说出3个字的简单句子，2岁半以后可以组合说出3个词语，3岁可以说出整个句子，4岁具有和成人接近的语言能力。

但是因为人脑具有先天的言语机制，可以使人类掌握多种语言。一些人很小的时候就表现出能够掌握多种语言的能力，例如上面所说的卡尔·威特。还有我们身边的一些孩子，例如上海的孩子由于生活在上海话的环境中，而学校老师又使用的是普通话进行教学，所以孩子不但能够掌握普通话，而且还能流利地说上海话；广东的孩子们不但粤语说得不错，普通话也可以说得不错。

为什么这些孩子对两种不同的语言系统都能够掌握得很好呢？关键是这些孩子生活在第二种语言的环境中。由于语言是人类进行交流的工具，所以作为社会人的孩子在与外人交往的过程中，不断地使用第二种语言就很容易掌握这种语言。如我国在外的华裔子女，在家里通用的语言是中文，但是由于他生活的大环境是所在国的语言环境，因为具备了两种语言的环境，所以他们学习第二种语言相对于在中国学习外语的孩子来说就比较容易，不但毫不费力气地掌握得很快，甚至连俚语都能够熟练地掌握，而且还发音准确。如果所处的生活环境是以母语环境为主，仅靠课堂教授的第二种语言的情况下，其孩子学习第二种语言发音准确率往往明显低于以第二种语言为生活环境的孩子。

专家提示

家长需要注意给孩子创造一个小的双语环境，如果家庭有条件进行外语训练（发音正确的外语训练），尤其是父母外语不错，在家中创建一个外语环境，对于孩子能够正确、熟练地掌握外语是非常有好处的。

3. 学龄前小儿生理、心理发育的特点

这个时期，孩子的学习方式以模仿为主，孩子的模仿力很强，能够逼真

地模仿出老师所发的语音、语调，并不受母语语音和语法的干扰。而且这时的孩子敢说，也不怕说错丢丑，而且喜欢反复去说，尤其是受到外人表扬之后，说的兴趣会更高，因此这一时期比较容易学会第二种语言的发音。

同时，这个时期小儿听力相对比成人敏感，对于各种声音的辨别力也比成人强，很容易接受听到的语音。而且发音器官之一的口腔肌肉还没定型，发音具有很大的可塑性。

我国著名的学前心理学专家陈帼眉教授在她编著的《学前心理学》中表述："小儿学习语音的过程，前后有两种不同的趋势。起初是扩展的趋势，婴儿从不会发出音节清晰的语音，到能够学会越来越多的语音，是处于语音扩展的阶段。3～4岁的儿童，相当容易学会全世界各民族语音的发音。但是，在此以后，学习语音的趋势逐渐趋向收缩。儿童掌握母语（包括方言）的语音后，再学习新的语音时出现了困难。年龄越大，学习第二种语言的语音，更多受第一语言语音的干扰。"

（1）3～4岁也是孩子语言意识发生的阶段

孩子开始表现出对自己和别人的发音感兴趣，喜欢做发音的练习；努力学习新学到的语音或者自己还不能准确发出的语音，对自己通过练习能够发音准确表示自豪，这样有利于巩固学习的兴趣；同样也会意识到自己发音的弱点或发音的错误，为此感到沮丧、回避或生气，这样有利于修正自己发音的错误。这个时期的孩子能够抓住别人发音的特点，喜欢指出别人发音错误的地方，并给人做示范，这样更容易掌握正确的发音。

专家提示

据有关专家研究，3～4岁也是孩子词汇量增长的活跃期，5岁以后有所下降，这正是孩子学习第二种语言非常有利的条件。

(2) 培养孩子们学习第二语言的兴趣是十分重要的

让孩子学习第二种语言应该像学习母语一样走言语再认，而不是言语再现（即学习写）的道路。通过孩子最熟悉的生活情节、身边的事物、原版的故事、歌谣、动画片来激发孩子的兴趣和注意力。因为小儿对鲜明、生动、有趣、形象直观的事物，生动形象的词汇，有强烈情绪体验的事物，以及多种感官参与的事物容易记忆，也容易保存下来。孩子在游戏、玩耍、观看和聆听的过程中就会比较轻松地掌握一些常用的生活用语，理解歌谣和故事情节。

这个时期小儿的记忆是以形象记忆和机械记忆为主，语音的学习正是需要机械记忆，而且必须通过形象记忆来掌握词汇量，这时孩子就很容易将瞬时记忆、短时记忆转化为长久的记忆保存下来，甚至可以终生不忘。

当孩子一旦能够使用外语与他人进行简单的交流时，孩子的成就感就油然而生，从而促使孩子更乐意去学习掌握更多的外语，孩子在愉快的情绪下就更容易记忆第二种语言的词语了，逐渐激发了学习第二种语言的内动力，这样学习第二种语言就像学习母语一样，自然而然地就学会了。

专家提示

正如世界学前教育组织中国委员会主席祝士媛教授所讲的，孩子越小学外语越没有压力，使孩子在轻松自然、寓教于乐的情景下学习，让他们觉得英语只是生活中的一部分。孩子听多了，自然会掌握。

二、孩子学习外语需要注意的问题

1. 必须选择高水平的师资

最好是所学语言国的外教（不是所有会说外语的外国人都能进行外语教学），并具有高水平的教学能力，必须通过国外严格的资质认证。

外语的启蒙必须是纯正的语音、自然的语调，一旦孩子学的是不正确的发音，将来进行修正是十分困难的。同时要求教师要经过专门的幼教培训，懂得幼儿生理和心理发育的特点，因为这个阶段的孩子既活泼好动、敢说，又不会像小学生一样规规矩矩地坐着听老师讲课，而且具有一定的反抗性，其学习效果很容易受情绪影响。在不良情绪的影响下，孩子很难学好英语。

2. 教材必须适合孩子的年龄特点

所选择的教材应该是生动活泼、浅显易懂的，书中画面应该色彩鲜明，有可爱的造型，以适合该年龄段孩子的心理、生理发育特点。

教学过程应该采用多媒体、动画片、歌谣，同时能够配合孩子们游戏、表演等教学方法。主要是对小儿进行听、说的训练，以激发小儿学习外语的兴趣，使得小儿乐意去学，注意去聆听，大胆地去说，逐渐做到会听、会说、会运用日常生活用语。正如著名心理学家布鲁纳所说：“学习最好的刺激是对所学教材的兴趣。”能够让孩子在寓教于乐中收获外语知识。

3. 教学方式最好是集体教学和一对一教学的兼顾

因为这个时期很多孩子都有从众的思想，往往喜欢随着全体孩子一起说，一起喊叫外语单词。但是一对一的教学有助于教师掌握每个孩子实际的水平，因为每个孩子对于接受外语的能力是有差异的，这样便于老师或者父母进行个别辅导。

4. 学习外语的同时不要忽视母语的学习

因为语言是文化的载体，母语的口头和书面的表达能力代表了一个人的文化修养水平。如果母语修养太差，对于外语的掌握和理解就会存在一定困难，不能很好地与人进行沟通。

是家长想得太复杂，还是孩子真的变坏了

学龄前孩子之间的爱，是小朋友之间有好感的一种表示，不是爱情中的“爱”。

新浪育儿首页转载了由中国网刊登的一篇文章——《女孩幼儿园被示爱，妈妈不知所措》，这是一位妈妈在武汉发的帖子：“昨天晚上睡觉时，我和女儿交流，她突然告诉我说：‘妈妈，跟你说个悄悄话，不能告诉任何人！我们班上有4个男孩子跟我说很爱很爱我！我不知道怎么办？’听了女儿的话，我很吃惊。是不是小朋友跟着电视学的？有多少女孩家长遇到和我们一样的情况，大家一起商讨。”据说此帖发出后，引来了不少家长的共鸣和热议。

其实我想这是我们一些家长多思多虑了。

首先，从生理方面谈。6岁前的儿童还没有启动下丘脑—垂体—性腺轴，一般女孩在11~14岁，男孩在13~16岁性发育成熟。虽然现在由于社会上一些不良影响，其中有一些影视作品的不良影响，性发育可能提前，但是不会提前到幼儿园阶段。

其次，从性意识发展方面谈。青春期性意识是在性发育成熟的基础上产生的。进入青春期的少男少女，逐渐意识到两性之间的差异与两性关系，并开始产生一些特殊的心理体验，这是一个人性心理发展的必然阶

段。必须随着性器官、第二性征发育的渐趋成熟，其性意识才会逐渐产生和发展。

心理学专家认为，爱情是一对男女之间建立在性需要基础上的一种强烈的内心情感体验，是人类特有的一种高尚的精神生活。爱情产生的生物学基础是生理的成熟。

所以，我们的家长完全没有必要这样紧张，如临大敌。我记得曾经有这样一篇报道，据说在一个幼儿园里，由于一个男孩吻了一个女孩，女孩的家长惊呼这个男孩是耍流氓，与幼儿园及男孩子的家长没完没了，不依不饶。这样一闹，男孩会认为自己是个坏孩子，自己的动作是可耻的；女孩会认为自己被别人吻了，就是受欺负了，于是认为“吻”是一个很坏的行为。试想，20 年以后这两个孩子如何面对爱情的到来，如何面对自己结婚后的性行为。

其实，家长是站在成人的角度上去看这个问题的，是家长凭借自己的想象去判断幼小的孩子，是家长自己的思想太复杂了，联想太丰富了，活生生地将孩子之间纯真的友谊硬按在爱情“示爱”的柱子上。家长的恐慌之至，反而会越发激起孩子的好奇，去探索，去模仿。

学龄前孩子之间的爱是一种纯真的爱，是一种小朋友之间好感的表示，绝不是爱情中的“爱”。比如你的孩子确实很可爱，引起家长的赞誉，这时孩子判断一个小朋友是不是可爱往往是以家长的判断为标准的，或者模仿大人的表示，这对于孩子来说是很正常的事情。这种爱的表示与所谓的爱情示爱根本就是不搭界的两回事。

所以我们说，当家长碰到这种情况时，完全没有必要大惊小怪，也没有必要如临大敌。你应该对自己的孩子说：“那么多的孩子表示爱你，的确是因为你很可爱，因为你身上有很多的优点让小朋友爱你，你应该感到幸福。”正如此文报道的一位家长所说：“如果是我家女儿的话，我会说：

‘爱和喜欢是一样的意思。我女儿十分可爱，你看爷爷奶奶都喜欢你，也都很爱你。所以你们班男生肯定也和他们一样爱你。’”

专家提示

重要的是，我们不能放松对孩子的性教育，教会孩子如何保护自己。例如不要让孩子去看和接触社会上少儿不宜的影视节目，不要让孩子从大人的言行中获得性的暗示，更不能让孩子吃一些促进性早熟的食品，促进孩子的性早熟。

当孩子与人发生争执时

理性分析孩子之间发生争执的原因，适时对孩子进行物权和分享教育，提高孩子与人交往的能力。

孩子们在一起玩要想不发生争执、不打架是不可能的，尤其是学龄前的孩子。要是动起手来肯定就有所谓的“挑衅者”和“自卫者”之分，严重者还会导致孩子受伤。对此，家长要有理性的分析，千万不能看着自己心爱的孩子受伤就火冒三丈，不分青红皂白去找对方的家长理论出个是非来。这样不仅伤害了家长之间的感情，也会让孩子学会依赖和简单粗暴处理问题的方式。

专家提示

其实，孩子争执或者动手打架的原因，对于婴幼儿来说，无外乎是围绕着玩具和物品的归属问题；对于学龄前的孩子，除此以外，还有对方不能正确理解自己的意图或者做出违背自己意愿的事情而引起的。

一、孩子之间发生争执的常见原因

家长需要认真分析孩子之间产生矛盾的原因，应该从中检查自身施教欠缺的地方——因为它牵涉到我们对孩子进行社会交往能力方面的教育问题。

1. 语言表达能力问题

如果是围绕着玩具和物品的归属问题发生争执和动手打架，对于婴幼儿来说，可能因为语言表达能力还不强，不能很好地通过语言表达清楚自己的想法，所以往往喜欢直接采用肢体语言来解决问题，就会发生大人认为的“打架”。孩子动手动脚没有轻重，也不懂得节制，自然就有可能个别孩子挂彩。其实，挂彩的孩子不见得就是受欺负的孩子，因此也就不能完全用我的孩子“软弱”和“受欺负”来解释了。

情绪和语言是孩子进行社会交往最重要的交流和表达工具，家长有责任教给孩子一些与人交往的技巧，让孩子懂得运用各种表达方式，通过语言准确地把自己的想法、感受、情绪等传递给对方，这是有效实施社会交往的关键要素之一。告诉孩子：只有这样做自己才能获得小朋友的青睐，自己才能拥有更多的朋友。

2. 对物品归属的认识问题

发生这样的问题，对于幼儿和学龄前儿童的家长来说，说明我们家长没有对孩子进行物权观念的教育。

对于2～3岁的孩子，当他自我意识开始发展并加强的时候，对玩具和物品占有欲很强，这时家长就应该开始向孩子灌输有关物权的观念，告诉孩子：属于你的东西，别人无权动用，即使爸爸、妈妈也不能动用，只有在征求你的同意后方能动用；同样，别人的物品是属于别人所有，你也不能随便动用，如果想用的话，要征求别人的同意后才可动用。在家里一定要遵循这个规则，尤其对于父母来说，更应该尊重孩子的物权，处处作出表率来（即使夫妇之间），这样才能使孩子真正明白物权的含义，以后孩子就会顺理成章地学会如何处理他人和自己玩具或者物品的问题，因此就避免了争执和动手打架之类事件的发生。

我们有一些家长为了取悦到自己家串门的孩子，会生硬地将自己孩子心爱的玩具抢过来或者一边拿一边对自己孩子说："给弟弟玩玩！"丝毫没有征求孩子意见的想法，好像属于孩子的玩具和物品如同是自己的一样，完全没有尊重孩子的意愿和物权。那么，孩子学到的就是可以随便抢别人的东西，根本不需要征得别人的同意。

3. 解决问题的方式问题

也有的家长，平时给孩子灌输的就是武力解决问题的思想，自己也是这样做的，当孩子的作为不遂自己的心愿时就打孩子。由于孩子的亲身感受和耳闻目睹，要想孩子不打架、不倚强凌弱是不可能的。因为当初给孩子建立的行为准则就是错误的，所以我们就不难想到为什么有的孩子就像小霸王一样，究其原因很大一部分是大人的作为潜移默化的结果。

二、重视孩子社会交往能力的培养

孩子3岁以后，家长就要逐渐加强分享和互惠教育，但前提必须是公正、平等，只有在孩子之间公平和平等的交往过程中，孩子才能学会如何与小朋友合作。合作就是指两个或两个以上的个体为了实现共同目标（共同利益）而自愿地结合在一起，通过互相之间的配合和协调（包括语言和行为）而实现共同的目标（共同利益），最终个人利益也获得满足的一种社会交往活动。

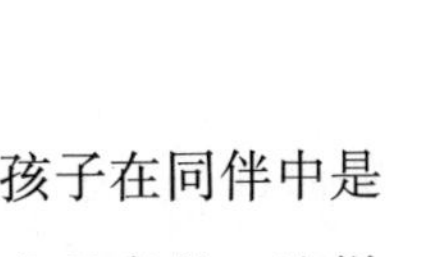

在实际生活中我们不难发现，凡是能够分享、合作的孩子在同伴中是受欢迎的，他的社会交往能力也是强的，在同伴中的地位也是高的，这样的孩子很容易获得自尊的需要和自我的需要，而且小朋友们也感到十分满意。这样的孩子就初显了一个小“领导”的才能。

专家提示

孩子在与人交往的过程中出现不适应和种种矛盾，家长不要过多干预，尤其是“你打我一拳，我还你一脚”和“看见霸道的就溜边走”的教育方法更是不可取的。在交往的技巧上，家长可以给予适当的指导，孩子才能不断吸取教训、总结经验，获得社会交往的技巧，以后一旦遇到问题，处理起来才会游刃有余。

有的家长总是抱怨别人家的孩子很霸道，自己的孩子尽受欺负，还不会自卫。这些家长应该好好想想：为什么总是你的孩子受“欺负”？为什么你的孩子总表现得那么懦弱？难道与家长没有一点儿关系吗？

在现实生活中，大多数家长都注意孩子的营养和智力的发育，而往往忽略了社会交往和社会适应能力的培养。什么事情都是家长大包大揽、越俎代庖，孩子对家长形成依赖，成人后不能很好地与人交往，缺乏交往技巧，因而不能适应未来社会的要求。

更何况我国几乎大多数家庭都是一个孩子，这些孩子没有兄弟姐妹，在家庭中缺乏同伴间交往的实践训练，最经常接触交往的就是父母，与父母等成人的交往又往往是处于依赖和被照顾的地位、权威和服从的关系，缺乏同伴间的平等、合作、互惠的关系，对于适应将来的社会非常不利。在家中什么好事、什么好东西都是让孩子一人独享，唯恐孩子在外与人交往时吃亏，而不让孩子外出与人交往，即使外出也要时时提醒自己的孩子如何自卫。殊不知，幼儿与人交往的知识和本领是在与小伙伴交往的过程中获得的，懦弱的孩子会在屡次吃亏中学会如何捍卫自己的权利；强势的孩子在屡次“争霸”中尝到“形影相吊”的滋味，才能汲取教训、改正错误。这是家庭和父母教育所不能替代的。

我记得《学前教育·家教报》有过这样一篇报道：有一项研究把儿童按社交地位分成5种类型——受欢迎的儿童、被拒绝的儿童、矛盾的儿童、被忽略的儿童、一般的儿童，并把“被拒绝的儿童”和“被忽略的儿童”统称为“不受欢迎的儿童”。另一项追踪5年的研究表明：如果不进行干预，“不受欢迎”的幼儿的社交地位将就此固定，不会有什么改善。非但如此，相比其他幼儿而言，这些幼儿还是幼儿园里的低成就者，而且在成年以后，偏离社会的行为也比较多。“被拒绝的”幼儿容易发展成反社会人格，而“被忽略的”幼儿容易发展成神经质的人格。这项研究给予的启示是：在孩子的生命早期没有学会社会交往的技能。

社会交往是人类生存的基本需要，是精神生活的重要内容，正如一位心理学家所说：“孩子是在不断地与人交往的过程中通过学习、吸收形成各种不同的社会文化知识，发展了自己的各种能力、语言、情感、社会行为、道德规范、交往经验、人际关系以及道德品行，才能形成适应社会要求的社会行为，在未来的发展中有良好的社会适应能力，更具有开拓和驾驭能力，最大限度地调动了人实现自身价值的潜能。孩子的个性也是在社会性交往的过程中形成的。”

所以，对儿童的交往问题，家长不能等闲视之，必须及早干预，帮助幼儿学会社会交往，使其成为适应社会的、受欢迎的人。

看浮躁的社会对孩子潜移默化的影响

社会上所宣扬的阶段观严重地影响了这一代的孩子，孩子们不再追求人性中的真、善、美，而是自觉不自觉地逐渐演变成一个自私、虚伪的既得利益者。

2011年六一儿童节之后，我看了东方卫视第一财经频道播出的《头脑风暴》专题片，节目请我国著名的篮球运动员姚明与孩子们进行交流，题目是《一次与未来的对话》。

节目中，有孩子天真无邪、口无遮拦地谈到自己将来要当航空公司总裁，主持人调侃说为什么不当飞行员？孩子回答："飞行员工资不高嘛！"一个女孩子"要当知名的女老板，只要能挣到钱"，有的孩子"要做律师，因为律师挣钱比较多"，还有的孩子"想当外交官，因为可以不止去一个国家，可以去很多国家"……孩子们的谈话几乎都涉及要挣大钱。孩子们只看到了姚明在人面前光鲜成功的一面，却并没有看到姚明背后的刻苦训练，超出常人的努力付出。据主持人袁岳介绍，他曾调查过100个小朋友："有愿意当贪官的吗?"竟然还有6个小朋友举手表示愿意当贪官。问他们为什么要当贪官，孩子回答："没有钱嘛！当了贪官就有钱，有钱以后就不用贪了嘛！"当然，也有11个小朋友举手表示愿意当清官。整场对话中孩子们几乎没有涉及道德教育（只有一位家长谈到道德教育），也没有一个孩子谈到任何一个成功的人士背后所付出的艰辛。

参加《头脑风暴》节目的小朋友都是海选出来的，他们个个在镜头前口齿伶俐，侃侃而谈。然而，这些孩子童言无忌的表白却让我目瞪口呆、不寒而栗。在整个谈话节目中没人谈到他们的热爱与梦想，对哪种职业充满好奇与憧憬，直冲耳膜的就是财富与成功。现在天真的孩子们为什么这样热衷于赚钱？是社会、学校还是家庭让他们有如此的价值观？

记得易中天教授在评价药家鑫案件时，曾对中国当前的教育深感担忧："不知从什么时候开始，中国教育就普遍地'望子成龙'，至少也得'成才''成器'。既然是'成才''成器'，自然不讲'成人'。"在家里，家长看重智力和技能的灌输，而忽略了情商、道德的培育；在学校，教师大多注重的是分数排名、升学率的高低。智慧并不能填补道德的空白，在屏幕前的此刻，我深感悲哀。这个节目题为《一次与未来的对话》，设想一下，如果这些孩子真的代表下一代的思考方式，我们国家的未来将会是什么样的？他们会有真正幸福的人生吗？

天真的孩子们为什么这样热衷于这些职业，热衷于赚钱？他们都说是看电视看的。可见，我们社会的大环境给孩子们灌输的是什么样的价值观。目前，整个社会就是一个浮躁的大染缸，人们的价值观出现了严重的扭曲。媒体热衷于宣传老板、总裁或者歌星，以及吸引眼球的新闻；一些文艺节目的举办者也大搞走秀节目，宣扬一夜走红的名人。人们不再注意教育孩子"成功背后需要付出努力和辛苦，甚至是一生的代价"，也不再教育孩子如何去关心、帮助有困难的人，而是一事当前先考虑是不是损害了我的利益，抢救他人时先考虑如何保全和证明自己，免得遭到诬陷。

不管是平面媒体还是各类电视、电台节目，映入眼帘的、冲击耳膜的是某某大老板如何有钱，×××登上了某某财富网、排名第几位……他们有了钱又如何去做慈善事业，也不管这些报道是真的还是假的。随时可以

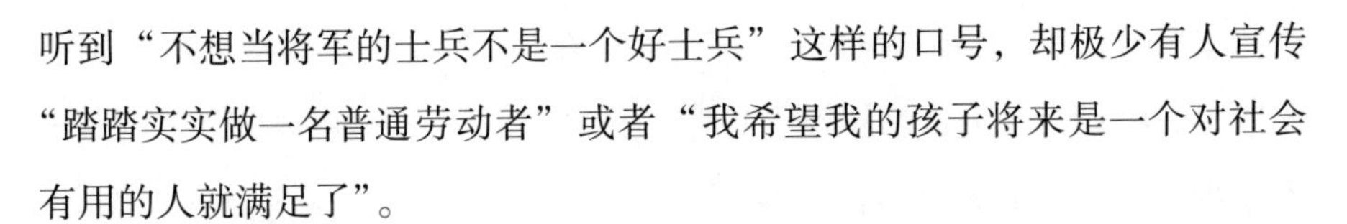

听到“不想当将军的士兵不是一个好士兵”这样的口号，却极少有人宣传“踏踏实实做一名普通劳动者”或者“我希望我的孩子将来是一个对社会有用的人就满足了”。

一个人的价值观是从出生开始，在家庭和社会的影响下逐步形成的。一个人所处的社会生产方式及其所处的经济地位，对其价值观的形成有决定性的作用。因此，当前报刊、电视和广播等宣传的观点，以及父母、老师、朋友和公众名人的观点与行为，对一个孩子的价值观的形成有着不可忽视的影响。社会上所宣扬的价值观严重地影响了这一代的孩子，孩子们不再追求人性中的真、善、美，而是自觉不自觉地逐渐演变成一个虚伪、自私的既得利益者。

回想起当初我要出版的一套书《张思莱育儿手记》，在与一些出版社商谈时也出现了宣传导向的问题。当初一些出版社找到我，非常想出版我的书，但是提出让我将书中养育外孙子的过程尽量拔高，往培养天才方面写，因为这样能够夺人眼球，家长们喜欢，更能起到宣传的作用。我说：“我的外孙子不是天才，真正的天才是极少数，真正愚笨的孩子也是极少数，其中最大多数的孩子都是一般的孩子。我写书的目的不是为了教给家长如何培养自己的孩子成为一个天才，而是让家长学会如何科学地养育孩子，让孩子快乐、健康地成长。我不会更改我写书的目的。”正如世界卫生组织宪章所说：“健康乃是一种生理、心理和社会适应都完满的状态，而不仅仅是没有疾病和虚弱的状态。”所幸中国妇女出版社的编辑非常赞同我的观点，她们说：“我们出书的观点就是您谈的观点，孕产育儿、家庭教育类图书是我们重要的出版方向，您的书我们一定要出！”

社会如此浮躁，孩子们的这些表现也就能够理解了。我说责任不在家长，不在学校，而在于中国的教育现状和社会的整体情况。正如节目中有的评论员所说：“现在很多的家长在道德教育和引导方面感到十分困惑，在家里教育孩子做个诚实的孩子、善良的孩子，可是进入到社会中又怕孩子吃亏，没有竞争力，怕他挣不到钱，受人欺负……”家长的困惑不是没有道理，因为如果舆论导向出现了问题，受影响一定不是少数人。那么，我们应该怎样培育孩子正确的价值观呢？

第一，每当孩子通过努力取得进步时，家长要注意表扬他的努力与坚持不懈，而不要夸奖他的聪明。新东方教育集团的创始人及董事长俞敏洪先生在北京大学演讲时讲到伟大与平凡的不同之处，我非常认同，他说：“成长是需要时间的。你唯一要做到的是，看准了目标以后，充满耐心地，充满了坚韧不拔的精神往前走，这就是我们成长的过程。所谓伟大的人，是把一堆琐碎的事情，通过一个伟大的目标，每天积累起来以后，变成一个伟大的事业。”我们一定要从小告诉孩子，人生没有太多的捷径，伟大来自坚持不懈的努力和内心深处的坚持。

第二，让家庭里永远有爱、有欢笑。孩子会延迟模仿，他每时每刻都在观察。家庭是社会最小的单位，如果父母之间有关爱，以善良的心去帮助朋友、家人，用智慧的光芒去引导幼小的心灵，那么这个家一定是孩子最安全的港湾。物质的富有不等于人生的幸福，不会爱和给予的人也很难得到恒久不变的来自别人的爱。

第三，观察并引导孩子找到他学习的兴趣、对世界的好奇与想象力。苹果公司的董事长乔布斯讲过：“成就一番伟业的唯一途径就是热爱自己的事业。如果你还没能找到让自己热爱的事业，继续寻找，不要放弃。跟随自己的心，总有一天你会找到的。”现在每个小朋友都狂热地喜欢ipHone、iPad，你给他讲过为什么乔布斯能够领导这样伟大的产品开发的小故事吗？一生最大的幸福之一就是能够在兴趣中工作，将自己的爱和专注通过自己的工作，传递给他人，传递给社会。在我们引导孩子学习各种文化知识和技能时，我们也应该深入了解自己的孩子，仔细观察他们，发

现他们的内心深处的好奇心和想象力，并引导他们对于自己喜欢的事情持之以恒地深入研究，而不是粗暴地拒绝和阻挠。同时，家长也不要把自己一生未达到的理想强行让孩子去替你完成，因为时代不同了，孩子们的理想也会不同。

最后，父母的言传身教是对孩子最重要的影响与启蒙。同时，我真的希望全社会都来关注孩子的成长，减少舆论上的垃圾，还孩子一片干净的蓝天，让孩子茁壮成长，因为他们关系到中华民族的繁衍兴衰。

注：此稿是我与女儿沙莎共同完成的，沙莎受主持人袁岳邀请，作为评论员参加了这期《头脑风暴》——《一次与未来的对话》的专题节目。

教育应该尊重男孩、女孩之间的差别

我们既要正视男孩和女孩之间存在的差别，也要清楚地认识到：社会习俗、家庭和学校教育的影响也会扩大或缩小这些差别。

最近，一些教育专家根据中国目前的教育现状，提出了比较震撼的观点——男孩危机。所谓“男孩危机”百度百科名片是这样描述的：“男孩危机指男生在学业、体质、心理及社会适应能力等各方面都落后于同龄女生的现象。男孩危机是全线性的危机，从中小学到大学，男孩危机日趋严重。男生学业落后乃至失败，对个体和社会都将产生重大影响，而且，男孩危机并非中国独有，它已成为一种国际性的现象，更糟糕的是，男孩危机并不仅仅限于学业，男孩在体质、心理及社会适应的各个方面都面临更多的‘麻烦’。于是，‘拯救男孩’的口号应运而生。”

上海的一个中学在2012年开始试办男生班。对此也有一些专家提出了不同的看法，在2012年7月13日《新民周刊》刊登的一篇文章认为：“中国男孩危机”并非是一个振聋发聩的警言，而是一个危言耸听的伪命题。我们不能只看到城市女孩在学业上的进步和优势，而忽略了她们同样是应试教育和性别角色刻板化的受害者，需要拯救的不仅是男孩，女孩子同样需要拯救。

一、男孩与女孩生理的差异

回想当年培养女儿的经过，以及现在帮助女儿养育外孙子的过程，我所接触的男孩和女孩以及他们家长反馈的信息，男孩和女孩在生理和心理发育上确实存在着很大的差别。这些差别是造成“男孩危机”的主要原因吗？还是我们的教育没有尊重男孩、女孩之间的这些差异而采取不同的教育方法？

1. 男孩与女孩生理上的差别是从受精卵时期开始的

在受精卵时期，除了从父母带来的22对常染色体外，还有第23对性染色体。如果受精卵的第23对性染色体接受一条从父亲方（父亲第23对染色体各含有一条X、Y染色体）带来的Y染色体和一条从母亲方（母亲第23对染色体含有两条X染色体）带来的X染色体组成，那么这个受精卵就会发育成男孩子；如果受精卵的第23对性染色体接受由父母双方各带来的1条X染色体组成，那么受精卵就会发育成女孩子。因此，第23对性染色体的不同决定了两性之间的性别差异。

2. 性激素造就两性心理和生理发育不同

由于男女两性的不同，所分泌的性激素就有所不同。虽然男女双方都会产生雌性激素和雄性激素，但是它们有着量上的区别。成熟女性会产生更多的雌性激素（是男性的8~10倍），成熟男性会产生更多的雄性激素（是女性的15倍）。

（1）男孩性激素分泌情况

- 含有XY染色体的胎儿在第7周开始产生雄性激素——睾丸激素。
- 15周的时候睾丸发育成熟，就会产生更多的睾丸激素，胎儿也就越来越具有男性特征。

• 出生后，男孩体内的睾丸激素几乎相当于12岁男孩体内睾丸激素的含量。这些睾丸激素刺激身体发育，使其具备男性的特征。

• 出生几个月后，睾丸激素的含量会降低到刚出生时的1/15，所以这个时期，男孩子在许多行为表现上与女孩子是相似的。

• 长到4岁时，睾丸激素激增，达到之前的两倍，所以这个阶段的男孩子淘气、好动，对于打打杀杀的游戏很感兴趣。

• 到5岁时，睾丸激素会下降一半，男孩会再度平静下来，但是仍然动作太多，喜欢探索和冒险，喜欢枪炮和汽车等机械玩具，而且喜欢打打杀杀、体力消耗较大的游戏，举止粗犷，不拘小节，崇拜英雄，并喜欢模仿英雄，好打抱不平，甚至出现一些暴力行为。

• 11～13岁，睾丸激素再度急剧上升，其含量是刚学会走路时期的8倍，男孩进入快速成长阶段，身高猛增，但是往往缺乏奋斗目标。

• 到14岁时，睾丸激素含量达到高峰，出现第二性征。这时男孩精力旺盛，脾气暴躁，好动、好斗，常常表现出“勇敢”的行为和“英雄”情结。也很容易受不健康环境给他带来的坏影响。

这就是为什么男孩4岁以后常常成为老师和家长感到不好管教的“混小子”的原因了。

（2）女孩性激素分泌情况

• 含有XX染色体的胎儿从第7周开始产生少量雌性激素。

• 到第10周，卵巢开始分化，产生大量的雌性激素，使得胎儿越来越具有更多的女性特征。

• 胎儿出生后性雌激素水平下降。8～10岁（也就是青春期启动前）女孩子在雌性激素的作用下，乖巧听话，感情细腻，善于察言观色，喜欢安安静静地玩与人打交道的游戏，如过家家、摆弄布娃娃、做一些手工等精细动作的活动和游戏。

因此，女孩的行为表现让老师和家长感到省心，更容易获得老师和家长的喜爱。

3. 男女两性大脑结构有所不同

一般人们认为人类的大脑没有什么不同，因此男女两性的大脑也不会有什么不同。但是经过科学家研究，在胎儿时期男女两性大脑结构上的差别就很明显了，主要表现在以下几个方面。

（1）大脑胼胝体形态结构不同

胼胝体是连接大脑左右半球的一大束神经纤维，位于大脑半球纵裂的底部，它不是两侧大脑半球之间的唯一联系，但却是最重要的联系，起着沟通和协调两侧大脑半球的作用，属于大脑的髓质。组成胼胝体的神经纤维向两半球内部的前、后、左、右辐射，联系额、顶、枕、颞叶，其下面构成侧脑室顶。两侧大脑皮层的功能是相关的，胼胝体对完成两侧大脑半球的运动、一般感觉和视觉功能协调起着重要的作用，担负着将一侧皮层的学习活动向另一侧转送的功能。早在1982年6月，美国得克萨斯大学卫生科学中心的德·拉可斯·尤塔敏森和哥伦比亚大学神经生物学家拉夫·赫路威就在《科学》杂志上发表文章说，他们解剖了14个正常的大脑，其中5个是女性，9个为男性，并且对脑部胼胝体的形态结构进行了比较。研究发现，女性胼胝体尾部呈球状，与体部相比显著增宽；相反，男性胼胝体尾部大致呈圆柱形，其宽度和体部相差无几。也就是说，女性的胼胝体较男性的大。由此，可能意味着女性连接两侧大脑半球的神经纤维比男性多，因而可以在负责直觉与情感的右半球和负责理性与感觉的左半球之间进行更为紧密的联系；而后部主要是掌管视觉信息的，所以女人观察事物比男人细致，直觉比较敏捷、准确，而且常常可以观察到许多男人注意不到的细节。

（2）连接大脑左右半球旧皮质的前连合不同

前连合位于穹窿的前方，呈“X”形，连接左、右嗅球和颞叶。大脑前连合是由联系左、右两个大脑半球的神经纤维束构成的，主要是连接旧的大脑皮质。而旧皮质是生物进化发育最早的皮质，与人的本能行为和情绪活动密切相关。女性的前连合比男性大，这就意味着包含的神经纤维多，女性比男性在情感方面更为细腻，情绪活动更多，而且相对比较复杂。

（3）大脑的颞平面不同

在人类大脑的颞叶里面有一个区域为大脑颞平面，并且左脑的颞平面明显大于右脑，左脑的颞平面位置是与语言机能（威尔尼克语言中枢更靠近听力区，对语言的记忆主要靠听、说）密切相关的大脑皮层区。在胎儿时期男女差别就已经显示出来，因为在大脑左半球女性的颞平面明显大于男性，所以女孩子有更好的听力和说的能力，而且对于声音的语调特别敏感。

（4）男女两性大脑左右半球功能单侧化不同

1865年，法国神经生理学家布罗卡首先发现了大脑功能侧化的理论。1981年，美国斯佩里博士通过割裂脑实验，证实了大脑的不对称性的左右脑分工理论，通过研究证实左右大脑半球所主管的功能各不相同。但是人类的各种复杂认知行为、高级心理活动，以及智能的各种表现，都是在大脑左右半球相互协同和配合的过程中实现的。大脑的左右半球各自支配相反一侧肢体的动作，左右脑之间由胼胝体、前连合沟通，使左右脑协调工作，维持大脑正常运转。

在大脑发育的过程中，研究者发现：在一般的情况下，男性比女性大脑偏侧化和功能化程度更高，大脑右半球较为发达。女性大脑皮质的功能组织似乎不像男性那么侧化，两半球发展较为均衡。也就是说，女性大脑

两侧半球功能的专门化程度不如男性。

(5) 大脑边缘系统男女差异

边缘系统是大脑中一个十分复杂的系统，是人的情绪反应和情绪记忆的主要部位。例如，边缘系统中的杏仁核是恐惧和厌恶的反应中枢。杏仁核是一个位于大脑左右两侧的类似于杏仁形状的脑组织，是产生、识别、调节和记忆情绪的脑部组织。科学家通过研究发现：男性大脑右侧杏仁核更加活跃，而女性则是大脑左侧杏仁核更加活跃，因此导致性别对待不同情绪的处理也会有不同的表现。例如女性遇到不愉快的事情往往会默默地生闷气，而男性遇到不愉快的事情则会大吼大叫，甚至拍案而起。

综上所述，正因为男孩和女孩从受精卵时期含有的性染色体不同，胚胎时期就开始存在着性激素分泌的差异，以及男孩和女孩大脑形态结构的不同，如胼胝体、前连合、边缘系统和大脑侧化差异，因此男女两性大脑功能使用大脑的方式也产生了明显的不同。对于某种活动，女孩子更擅长使用两个大脑半球共同参与活动，而男孩子对于某项活动往往擅长单侧化参与活动。

二、男孩与女孩能力的差异

因为人的大脑具有不对称性的左右分工特点，所以左右大脑半球的功能各不相同，造就了男孩和女孩的言谈举止、思维方法、情绪情感以及接受教育等种种方面有着许多差异。

1. 语言能力

在女孩的大脑结构里，有两个专门的区域负责语言，其面积比男孩负责语言的区域大 20% ~30% 。女孩的语言中枢比较均衡地分布在大脑左右两个半球，而且左脑的颞平面明显大于男孩。左脑的颞平面与威尔尼克语言感知机能紧密联系在一起，威尔尼克语言中枢又靠近大脑皮层的听力区，所以女孩子的语言较男孩子发育得早，更早学会说话，有更好的听与说的能力，对声音和音调特别敏感，对语言的模仿能力强，表现为口齿伶俐，具有很强的语言表达能力。

有研究认为：5岁男孩的大脑语言区域发育水平只能达到3岁半女孩的水平。男孩子常常表现得拙嘴笨舌，不能通过语言把自己内心所要说的完整地表达出来。因此，当男孩子与女孩子争吵起来时，往往男孩子处于弱势地位。但在11岁以后，男孩和女孩言语能力已经基本相同。

近年来也有一些研究表明，虽然女性的言语能力表现超过男性，但女性相对于男性在言语能力上的性别优势非常微小，随着时代的发展，两性之间的言语能力差异更加缩小。在一些言语类任务方面，如言语理解和生成、创作性写作、言语类比和言语流畅性方面，女性的优势可能更明显一些。

专家提示

更多专家认为：言语能力的性别差异更多的是受到父母的教养行为、文化和环境等因素的影响。

2. 空间感知能力

空间感知能力是指个体根据自身方向来判断空间关系的能力，也就是我们常说的空间认识能力、空间识别能力和空间判断能力。男孩子空间认识和判断能力比女孩子发育得好，这是因为在发育过程中，男孩子大脑皮层的功能更加偏侧化，大脑右半球比较发达，空间认识能力是典型的右脑能力。

法国一项针对两岁孩子的对比研究显示，21%的男孩可以用积木搭出

一座桥，而只有8%的女孩可以完成这项任务。尤其是对于三维立体形状进行操作时，男孩子比女孩子更有优势。发达的大脑右半球使男孩操作各种机械时更为得心应手，他们的动手能力更强。男孩子方位知觉、立体知觉等更为优秀，所以男孩子立体几何、视－空间操作能力往往比女孩子优秀。

同时，男孩子空间识别能力，尤其是方位空间的识别能力很强。最简单的例子就是，男孩子认路非常快，而女孩子尽管一条路走了多次往往还会迷路。女孩子对于立体几何的学习往往与男孩子相差很多，主要原因是头脑对空间的三维立体形状缺乏很好的理解和判断，这是因为女孩子更擅长两个大脑半球共同参与的活动，不像男孩子大脑皮层功能偏侧化明显。

同时也有研究人员推测：人类智能中与动作相关的基因存在于Y染色体上，男女空间机能的差异就是由这一基因决定的，雄激素很可能在胎儿时期就参与了人的空间能力发展。（摘自尹文刚博士：《大脑潜能——脑开发的原理和操作》）

3. 数学能力

数学能力包括逻辑思维能力、基本运算能力、空间想象能力、应用数学知识能力、分析解决实际问题能力及建立数学模型的能力。数学是大脑右半球负责的活动，因此一些人认为男孩子更擅长数学。

但近来研究表明，随着时代的发展，在数学能力上男女两性几乎不存在差异，而是与社会传统文化以及对女孩子的态度有关。

之所以男女在数学方面存在差异，源于不同国家之间不同的社会文化因素、父母的期望和教导。我国传统习俗认为男孩思维灵活，更擅长数学；女孩学习数学刻板，相对缺乏数学能力。因此父母对女孩数学学习不寄托更大希望的消极思想也影响着女孩子，造成女孩子学习数学的积极性大大降低，尤其是在遇到学习上的困难时往往得过且过，因而影响了女孩子数学能力的发展。父母在数学方面（其实在理科的所有方面）给予男孩子更多的教导和期望。

事实上，经过研究表明，在小学阶段男孩和女孩的数学能力基本没有差异。在具体的数学能力上，女孩子在数学问题解决和数学计算上有着非常微小的优势；在数学概念上，男孩与女孩的表现相当。进入中学男孩表现更为出色一些。同时，研究人员也发现，数学成绩与男女社会地位平等度相关，男女在收入、健康和政治上越平等，儿时父母越精心教导，男孩女孩在数学上表现出的性别差异也越小。尤其在我国，女孩子数学成绩优秀的也不在少数。

4. 运动能力

男孩子与女孩子运动的方式和运动能力有所不同，同时性激素的不同也会造成运动方面的不同。

男孩子空间能力比女孩子强，在雄性激素的作用下大运动发展得更好。他们喜欢户外活动，喜欢跑跑跳跳，喜欢冒险，打打杀杀，做一些惊险的动作或者竞争性的动作，对一些高难度的动作也勇于尝试，同时英雄情结也让男孩子着迷，因此也常常惹祸，让老师最为头痛，常常受到批评和惩罚。

女孩子更容易发展语言能力，更容易控制情绪，她们更喜欢在室内玩游戏，玩安静的交谈性质的游戏，喜欢做一些安静的精细动作，善于手指动作协调而灵活的工作，例如女孩子对给娃娃搭配衣服、折纸、过家家，以及对以家庭、幼儿园和学校为背景的游戏往往更感兴趣。大一点儿的女孩子对织毛衣、绣花、剪纸等更加垂青；而男孩子却很少喜欢这些手工操作和游戏（但是也有例外：在手工操作的行业里，例如厨师、持手术刀的医生、理发师和雕塑艺术家等，出色的多是男性）。另外女孩子胆小，很少去冒险。正因为女孩子不招灾不惹祸，所以女孩子更容易获得老师和家

长的喜欢。

但是不可否认社会文化对孩子的影响：父母在性别认同的教育中往往更容易给孩子选择同性玩伴，同时给他们选择的玩具也不同，男孩子玩的多是球类、汽车、飞机、枪炮；女孩子玩的多是锅碗瓢盆和布娃娃等具有性别特点的玩具，强化了具有性别特点的行为形成。因此，孩子就学会了与他们性别特点相符合的运动方式，并喜欢和那些与自己运动方式一样的孩子一起玩。

5. 情绪、情感能力

女性比男性更加情绪化，更容易表达情绪，同时在情感方面更加敏感，而且情绪活动多，相对也更加复杂。

例如女孩子爱哭泣，更愿意表达悲伤情绪。这是因为男女两性大脑此时表现了不一样的活动：女性悲伤时大脑两侧广泛的区域在活动，因此她们会感受更深的悲哀；而男性悲伤时只有大脑扁桃体的一部分和右侧前额皮质层轻微活动。

由于大脑胼胝体形态结构不同，男性对复杂、微妙的情感变化有可能被他们的眼睛所忽略。女性在观察力方面，在识别面部表情上比男性更加敏感和精确，善于察言观色，相对于男性更容易观察到他们所注意不到的地方。

女性在感知别人的情感上比男性更快和更准确，因此更容易理解和感受别人的情感。有的女孩子在四五岁的时候就能够表现出考虑问题比较周到的特点。这就是为什么那些让女孩感觉沮丧的东西，男孩往往却无动于衷。男性的心胸宽广，更能容忍他人的缺点和错误，但也不会从细微方面去关心、体贴他人。

女性很在意利益关系的细微变化，注重较小的利益关系，难以容忍他人的缺点和错误，但容易从细微方面去关心、体贴他人。而男性更容易在争斗中被激怒，做事鲁莽。男性在感知愤怒情绪时比女性要快。他们经常放弃口头表达而选择肢体动作来解决问题，表现为更加直接的对抗和攻击，其目的是为了控制别人。当然极少的女孩子也会因为情绪失控而产生攻击行为。

专家提示

总之，在情绪、情感方面，女性会启用大脑中更深层的、皮层下的大脑结构，如丘脑、端脑边缘叶和边缘结构、脑干、小脑，因此情绪、情感反应比男性更活跃，而且常常非逻辑性和情绪化。而男性则在与推理有关的皮层区域更加活跃，所以在情绪、情感方面更加理性。

男孩、女孩在情绪和情感方面之所以表现不同，也与传统的社会文化教育有关。尤其在我国，对男孩子从小的教育就是男孩子应该具有阳刚之气，宣扬的是“男儿有泪不轻弹”，如果过多接受别人的同情，缺乏发泄愤怒的能力，就被视为软弱，常常被看作是没有男子气概——女人气。

女孩子善于表达和流露自己的情感，即使压抑自己真实的情感也是为了保护自己，不能做出没有教养的表现来，努力成为一个淑女。人们认为女孩子脆弱是可以原谅的，是值得同情的。女孩子的落泪更容易引起人们怜香惜玉的情感。对于男孩子的脆弱，人们非但不会同情他，反而看不起他。同时，认为女领导往往比较情绪化，不像男领导那样果断坚毅。

正是在这种传统思想的影响下，一些人提出了“男孩要穷养，女孩要富养”的口号，更加剧了性别角色刻板化的差异。虽然时代在不断进步，我国男女社会地位平等，巾帼不让须眉的例子也比比皆是，但是我国广大农村和一些偏远地区这样的偏见习俗至今仍然流传且遗毒不浅。

6. 社会交往能力

男孩和女孩在学龄前的社会交往能力差异不大，但是随着进入学龄期，男孩和女孩的社会交往出现了明显的差异。

在语言沟通方面，男孩子的语言简洁、直接，常常使用比较精辟的语言，对人喜欢使用命令的词句，忽视他人的观点，因此常常不被其他孩子所接受；而女孩子多喜欢使用委婉、温和、详细、有礼貌的语言，并且注意倾听对方的谈话，喜欢使用情感词，她们的语言会更加感人。因此，在语言沟通方面女孩显得更会说话、更合群，更容易与他人沟通，也更容易使得老师喜欢她们。

在游戏形式方面，男孩子更喜欢户外的游戏，喜欢与同性的小伙伴一起玩耍，喜欢一些粗野、竞争性强的游戏，在游戏中喜欢模仿英雄人物，控制别人，建立自己的优势；而女孩子更喜欢室内的文静的、合作的游戏，而且在与人交往的过程中从众的行为更多一些，更可能改变自己的观点而同意同盟者的观点。同时，女孩子注意培养互相之间的关系，因此更容易获得他人的好感。在游戏过程中如果产生矛盾，男孩子往往是叫骂、争吵甚至肢体交恶，而女孩子则可能采用比较圆滑、微妙的手段拉拢一些人去疏远与她发生矛盾的孩子。

专家提示

科学家研究发现，男孩子与女孩子之所以有这些不同，主要是因为两性的大脑成熟区域不同而导致女孩子比男孩子更早发展了语言能力并更容易控制感情。同时，性激素也对孩子的游戏和交往行为产生了一定的影响。

其实男孩、女孩社会交往上的不同更多是来自社会习俗的影响。在这种社会习俗的影响之下，在小婴儿时期家长对不同性别的孩子就开始采取不同的教育方法。例如家长为孩子提供更多的同性伙伴一起玩耍和游戏，在玩耍和游戏过程中，男孩子之间的交往方式往往是分等级的，更倾向于建立自己的权威感；女孩子交往方式倾向于相互提供支持，从众的行为比较多。

同时家长对于男孩子和女孩子的要求也不同，家长一般会认为男孩子有打闹行为很正常，因此能够容忍这种行为，而且对于男孩子不良的行为往往也会采取更多的惩罚手段；而对女孩子则比较温和，采取说教的手段更多，但是不允许她们打打闹闹，更喜欢她们做一些情感上的文静游戏。

家长为男孩子和女孩子选择的玩具也都是具有性别特点的玩具，强化了具有性别特点的行为的形成。儿童时期男孩、女孩不同的社会交往方式是成年人社会交往方式产生性别差异的很重要的根源，因此孩子们从小接受的性别认知教育也造就了男孩和女孩在社会交往过程中有着不同的表现。

从以上分析可以看出，男孩和女孩在生理和心理发育上确实存在一定的差别。必须客观地说，如果没有这些差别人类也就无法繁衍，不可能生生不息。如果没有男人和女人的社会分工也就没有了现如今多姿多彩的社会。

三、“男孩危机”是基于男权社会的一种错误认识

由于我国执行的是计划生育政策，独生子女家庭在我国所占比例很大。独生女的家长对自己孩子的教育更加上心，与所有独生子女的家庭一样，对自己的女儿同样寄托着无限的希望。他们并不愿意自己的女儿将来回归家庭，因此从小就注重培养她们的独立意识，希望自己的女儿将来像

男子一样在职场上叱咤风云，一样体现自己的社会价值。这种价值观潜移默化地影响了女孩。因此女孩子肩负着父母的期望，在学业上做得很出色。随着社会的进步和妇女地位的提高，女孩子通过自己的奋斗照样做到巾帼不让须眉，体现了女孩子的社会价值。因此不能看到女性社会地位一提高就认为是出现了“男孩危机”，其实这种认识还是基于男权社会的一种错误认识。女孩子为什么不能强于男孩子？女孩子将以前被压抑或者忽视的潜能爆发出来，回归到正常发展的道路，这不是一件很正常的、应该值得庆贺的事情吗？

纵观全国，当城市或者发达地区惊呼“男孩危机”的时候，却忽略了我国人数众多的广大农村和偏远地区的女孩子仍然还处于“危机”的地位。不少女孩子照样不能上学，开始照顾弟妹，成为新一代的文盲，她们还在走着“女子无才便是德”的道路，旧的习俗使得她们的父母认为让女孩子上学无用，将来嫁出去就是婆家人了，不能为自家传宗接代、养老送终。再有一些贫困地区的人无财力供自己的孩子上学，虽然我国提出九年制义务教育，但现实情况执行得并不尽如人意，因此这样的家庭首先牺牲的就是女孩子。

所以说：纵观全国教育的现实状况，谈“男孩危机”似乎不妥。在很多时候，由于人们的期望值、社会偏见以及社会习俗也都影响了男孩、女孩各项能力的发展。只有正确认识了这些问题，我们的教育才能有的放矢。

旅美学者薛涌谈道：“美国芝加哥大学的神经学教授 LiseEliot 在 2009 年出版了一本书，题为《粉色的大脑与蓝色的大脑》，用大量的研究数据揭示：男孩和女孩在天生能力上的区别实际上微乎其微。即使是所谓女孩擅长语言交流和感情沟通、男孩擅长数理逻辑思维这样的普遍观念，也很难得到规范的科学研究的支持。”但是人们往往夸大了这些生理上的差别而忽略了我们教育上的主动性以及以人为本的教育宗旨。

应该看到，我国目前执行的教育制度以及教学的方式更适合女孩子生理、心理发展的特点，因为女孩子大脑发育的特点以及表现出的各项能力与学校教育的要求较为一致。例如，女孩具有语言方面的优势，体现在阅读、写作、联想记忆、感知的速度上，背诵的能力强，这些刚好都符合了应试教育体制的要求；而男孩子在数学能力、科学研究、动手操作能力、空间感觉能力、活跃的思维等占据优势的方面，往往又不是现实中小学试卷所要考查的能力。再加上女孩子文静，善于领会老师的意图，所以更容易获得老师的喜爱，而男孩子稍显劣势。在老师的眼里女孩子容易管教，而男孩子难以驯服。再加上考试又以集中思维为主，单一模式化的学习程序以及考试统一的答案，这一切显然不适合男孩子的情况。以分数衡量老师教学水平，女孩子的学习模式恰好满足了老师的要求，在老师的思想深处，女孩子的优点远远多于男孩子，所以在小学和中学女孩子成绩好，当干部的多。这样的教育体制抹杀了男孩子的天性，以牺牲男孩子的创造力为前提，使我们的孩子变成了一台台复印机，这些均不利于男孩子的发展。

中小学生自我评价体系还没有形成，如果周围的人对他们有太多负面的评价，提出所谓的“男孩危机”，会影响孩子们的自我发展和信心。其实，孩子们很在乎老师（孩子们认为的权威）和旁人对他们的评价，如果老师认为他是一个好孩子，这个孩子就会越发表现得好；如果老师不断批评他，他就会对自己丧失信心。正如美国心理学家贝科尔所认为：“人们一旦被贴上某种标签，就会成为标签所标定的人。随着逐渐长大，各自开始自觉按照社会习俗文化和父母的期望来规范自己，因此社会交往也出现了差异。”

我们既要正视男孩和女孩之间存在的这些差别，也要清楚地认识到：社会习俗、家庭和学校教育的影响也会扩大或缩小这些差别。

我们的教育应该尊重男孩、女孩之间的差别，对男孩和女孩分别采取不同的教育方法。那么这些男孩、女孩就会发挥出各自不同的优势，获得共同发展。同样，我们也希望当前的教育评价体系是多元化的，针对男孩、女孩发育和发展过程中表现的不同特点和行为，尊重他们发育的差异，尊重他们各自发展的规律，发现和发扬他们各自的长处，弥补他们各自的短处，以鼓励教育为主，以达到我们教育的目的。

这种教育应该从家庭教育开始，延续到以后的学校教育。同时也要加强对家长和老师的相关教育，改变他们对男孩、女孩的错误认识，更改教育评价体系。只有这样，无论男孩还是女孩才能共同茁壮成长，共同成为未来社会建设的栋梁之才。

四、我的亲身体会

对于这个问题我也谈谈自己的一些亲身体会。

当女儿有孩子之后，我像其他祖辈人一样开始帮助女儿、女婿照料隔代人。当时我想：我有教育成功的先例，自己又是儿科专家，退休后又不断学习儿童心理学和教育学来充实自己由于常年繁忙的临床工作而忽略的知识，因此凭借自己各方面的能力和经验照料外孙子绰绰有余。无论从科学喂养上还是早期教育上都不会有问题。当时我还信誓旦旦：“我能把自己的女儿培养成才，我肯定也能协助女儿、女婿将外孙子培养成才。”

外孙子1岁前养育重点主要偏重在喂养、运动技能以及语言启蒙教育，我感到自己游刃有余。看到外孙子长得这么惹人喜爱，甚为自豪。但是，随着外孙子自主意识的增强，到他四五岁时（幼儿园中、大班）我越发感到教育外孙子与当初教育女儿很不一样。除了外孙子本身独具的天生气质之外，他也像其他男孩子一样开始不听话，表现也不乖巧了，不像女儿小时候那样让我省心。于是我认识到对外孙子的教育不能再采取当初教育女儿的方法了，需要针对男孩子的发育特点进行教育（更何况现在的孩子信息量大，知道的事情也比女儿小时候多），要采取扬长补短的办法。

外孙子像其他的男孩子一样，从小就喜爱汽车（不喜欢洋娃娃玩具），只要是有关汽车方面的书籍，他就喜欢得不得了，不但认识大街上跑的各种品牌汽车，而且还能给你讲出很多汽车的基础知识。女儿、女婿因为工作性质都对汽车有所研究，所以也经常给他讲一些有关汽车的知识，因此外孙子还能给你讲解一些比较高深的汽车知识，其汽车知识的丰富程度远远超过了同龄的孩子。针对男孩子空间知觉能力比较强的特点，女婿常常与外孙子一起玩建构游戏，他会玩得乐此不疲，而且善于思维。后来他自己铺设了很多错落有致、跌宕起伏的立体交通轨道，他通过搬“道岔”，让“火车”沿着他设计的轨道“攀山”“跨海”“钻隧道”。5岁的时候，他就能够看着复杂的图纸搭建12岁孩子才能搭建的玩具。为了他的这个爱好，我和女儿、女婿没少给他买建构玩具。

外孙子还喜欢画画，尤其是自己设计的画面，天马行空，想象力丰富。为此，女儿每个周末都带他到画室去作画（有画室的老师指导），他的几幅画还被老师拿到刘海粟美术馆参加画展。

为了从小培养他良好的阅读习惯，1岁以内就开始给他看书（主要看

画和颜色）、听书（大人念书给他听），1 岁以后放手让他自己翻书，找他喜欢看的绘本，并通过识字（3 岁以后）扫清了阅读的障碍。所以他的阅读量很大，不管是天文地理还是昆虫世界、海底生物等方面的书籍他都喜欢看。他的知识面广，信息量丰富，常常被幼儿园的小朋友称为“识字大王”“知识大王”。

记得有一次他去爸爸的朋友家中玩，孩子们捉到一只酷似蝴蝶的昆虫，大家都说这是一只蝴蝶。但是外孙子经过仔细观察，告诉大家：“这不是蝴蝶，是一只蛾子。因为它的触角是羽毛状，蝴蝶的触角是棍棒状；你看，它趴在树枝上时翅膀是张开的，蝴蝶不工作的时候翅膀是并拢的；蛾子的身体较粗，而蝴蝶的身体较狭窄。”大家都惊叹外孙子观察事物仔细、知识丰富，而且分析问题的逻辑性很强。其实这都得益于他喜欢阅读，获得的知识多，这是他从法布尔的《昆虫记》中看到的。

我考虑到男孩子语言发育可能会晚一些，针对男孩子的这个弱点，从小对他的语言启蒙教育就十分重视，同时有意识地培养他的语言表达能力。由于外孙子语言开发得不错，讲故事时口齿清楚、语调丰富。在他4 ~6岁期间为北京人民广播电台《毛毛狗的故事口袋》“我来讲故事”录制了好几期节目。当我打开收音机时，听着他讲的故事在主持人小群姐姐做的配乐声中娓娓道来时，我真的激动极了，这真是我的外孙子讲的吗？

由于从小重视对外孙子的感恩教育，外孙子也是一个非常重感情的孩子。有一次我给他念美国著名绘本作家谢尔·希尔弗斯坦 1964 年的作品《爱心树》，孩子竟然为书中的大树感动得流下了眼泪，他说不喜欢那个不懂得感恩、只知道索取的孩子。

在运动场上，外孙子也和所有的男孩子一样喜欢打打闹闹，喜欢和男孩子疯跑，喜欢逞英雄，对于他擅长的运动项目，如轮滑、溜冰、踢足球等表现欲非常强。尤其对于“植物大战僵尸”这类玩具和动画片十分感兴趣，最近又痴迷上了一些电子游戏，为此我不得不限制他玩的时间（每次不得超过20分钟，而且还要根据当天的表现决定是否允许他玩）。可是一听说弹钢琴就开始磨磨蹭蹭，不认真听课，也不认真练习，终于以放弃钢琴学习而告终，我们也就随他去了。

外孙子在课堂上爱说话、小动作特别多，经常招惹周围的小朋友，有时不举手就抢答老师提出来的问题。当班上竞选班干部时，外孙子似乎对此丝毫不感兴趣，虽然老师一再鼓励他参加竞选，但是他对谁当干部无所谓，对谁当领导他也不在乎，表现出一副与世无争的样子。可是看到老师和小朋友有困难时，他又会主动热情地去帮助他们。实际上，他对老师的表扬和同学的肯定还是十分在乎的，而且每次都会很自豪地向我汇报：“老师今天表扬了我！因为我……”他还经常“勇于”给我提意见：“姥姥！你的教育方法不对！我不喜欢！你应该采取××方法。”使用的反驳词语常常让我哭笑不得。老师也经常向我反映他的一些违反纪律的问题，真是大毛病没有、小毛病不断。为了争取更好的教育效果，我和女儿不断地与幼儿园和小学（一年级）老师进行沟通，对他以表扬为主，在表扬的过程中指出他的缺点。

在外孙子刚进入小学学习时，我和女儿、女婿就达成了共识——虽然学习成绩很重要，但是我们更注重的是培养他良好的学习习惯、行为习惯、灵活的学习方法，以及安排他丰富多彩的课外生活。外孙子是一个思维活跃的孩子，我不希望进入小学以后受到应试教育的影响而禁锢他的天性，影响他的发展。所幸的是，外孙子所上的小学和各位老师非常注重男孩、女孩之间的差异，并针对每个孩子的不同个性采取不同的教育方法，所以外孙子期末获得了奖学金和“进步最大少年”奖。

男孩要“穷养”、女孩要“富养”吗

“男孩穷养、女孩富养”的教育理念是封建思想的育儿观，在当今时代应该坚决摒弃。

前些日子，不少家长都在谈论社会上流传的有关男孩要穷养、女孩要富养的教育理念，并引起一片争论。赞同这个观点的人认为：这是中华民族自古以来育儿的金科玉律，希望男孩在“穷”养之下“苦其心志，劳其筋骨”，让他多经历一些挫折，养成坚忍不拔的品格，从小就树立远大志向。正因为有了从小穷养、受尽磨难的经历，长大后才能为实现自己的理想而努力拼搏和奋斗不已。女孩子从小就让她享受各种物质生活，丰富她的阅历，多见大世面，培养她成为一个自尊自爱的淑女，自小就具有优越感，所以成人后由于自小培养出的优越感和见识广，不会被外面的花花世界所诱惑而堕落。

一、穷养男、富养女不过是封建糟粕的现代翻版

这种理论听着貌似有理，但仔细分析，这个育儿观念实际上就是封建社会宣扬的“从来富贵多淑女，自古纨绔少伟男”的翻版，同时也是“男主外、女主内”所宣扬的不同性别承担的社会责任不同、社会分工不同的

翻版。说白了，就是男性应该在外担负起养家糊口的家庭重担，去外面做大事；而女性就只能心甘情愿守在家里操持家务，承担养儿育女、传宗接代的任务，而又不被外界奢华生活所吸引。

封建社会是一个男权社会，男人是一家之主，要承担起养家糊口的责任来，因此他必须从小就做好“苦其心志、劳其筋骨”的准备。而女人是主内，必须遵从“夫为妻纲”“三从四德”，只能夫唱妇随，不能越雷池一步。女人就是男人的附属品、传宗接代的工具。为了让女孩遵从这个道德规范，因此提出女孩富养的理念，让她们从小什么福都享受到，什么都见识过，将来嫁到夫家就不会被外面花花世界所吸引，才能对丈夫忠贞不渝，持家过日子。现在提出男孩要穷养、女孩要富养的教育理念，只不过是封建糟粕在新的社会形势之下扣上一顶华丽桂冠、粉饰一新重新登场而已。

每个时代都会有不同的价值观，每种价值观都深深地印刻着那个时代的烙印。同样，男孩穷养、女孩富养也深深印刻上封建时代的价值观。社会总是在不断向前发展，人们的思想也随着社会前进而不断发展变化着，人们的价值观也在不断地变化着，不可能总是停滞在封建时代，与当前的时代脱节。对于价值观，不同的时代存在着不同的评价标准；即使同一时代，不同的人也拥有不同的价值观；同一个人在不同人生阶段的价值观也会不尽相同。在当今社会，这种变化主要受到社会环境的影响。随着社会的发展，越来越多的新鲜事物不断进入我们的视野，而传统的社会观念也不断受到冲击。男孩要穷养、女孩要富养的价值观也会随着时代的变化、周围环境的变化而有所改变。

专家提示

"男孩要穷养、女孩要富养"的内涵就是封建思想的糟粕，其必然要带着封建时代的家长以及社会认可的价值观色彩。

一个人的价值观是从出生开始，受到家庭以及社会的各种影响逐步形成的，男孩和女孩一旦认可了这种教育理念，就具有了相对的稳定性，这种价值观将影响男孩和女孩一生的思想行为。一旦他们发现现实社会与自己所接受的教育（价值观）有巨大的差距时，或者受到新的价值观的挑战时，就会迷失方向，甚至走向歧途。

二、"男孩穷养、女孩富养"的教育理念忽略了儿童心理发展的特点

无论男孩还是女孩都需要对其进行抗挫训练，尤其在我们当前的社会。我国执行计划生育三十多年，大多数的家庭都是独生子女，当初这些独生子女都是在家中6个大人的呵护下成长，生活之顺利不言而喻。由于家长过分关心，照顾过度，饭来张口，衣来伸手，一切来得太容易，使得一些独一代不懂得珍惜眼前的一切，不懂得奋斗，更不懂得同情和感恩。他们喜欢物质享受，听惯了表扬，理所应当地享受着别人给予他们的爱，以"我"为中心，任性，责任心不强，独立生活能力差。虽然父母处心积虑为孩子撑起了远航的风帆，企图让孩子的未来一帆风顺，但是在人生的旅途中，总会有意想不到的疾风暴雨、雷电交加或者海市蜃楼，失去了以往的依赖，这些孩子就有可能迷失方向或者因为恐惧而畏缩不前。这样的

例子并不少见，当然这也不是父母的初衷。

现在这些独生子女也开始有了自己的子女——独二代。独二代不但有6个大人呵护，甚至有的家庭达到10个人呵护（四世同堂）。对于独二代来说，有着比独一代更加优越的物质条件和更加细致周到的呵护。这些独一代虽然做了父母，却没有做好当父母的准备，常常以工作忙或者自认为能力有限，将抚育下一代的任务推给自己的父母。隔代人如果仍然遵循当初培养独一代的教育理念，独一代所具有的某些人格缺陷，同样会带给独二代，而且独二代对独一代的依恋关系难以建立，将来势必会导致一系列的社会问题。

因此，为了教育好独二代，避免独二代重蹈独一代的问题，将其培养成全面素质综合发展的有用之才，无论是男孩还是女孩都需要经历挫折和磨难。抗挫教育是必需的，也是绝对不可以少的。美国学者拜伦说："逆境是到达真理的一条道路。"我国著名的教育家陶行知先生说："不要担心挫折，应该担心的是怕挫折而不敢让孩子做任何事情。"

通过对女孩富养，让她从小过上优越的生活，享尽人生的富贵，经历过大世面，这样在她们成年以后就不易被各种浮世的繁华和虚荣所俘获。提出这种理念的人忽视了这些女孩由于自小养尊处优的生活和她经历过的大世面，也会让女孩子对自己未来的生活产生更高的期望值，一旦在生活中遇到艰难困苦，与她的期望值大相径庭，就会更加留恋自己原来熟悉的生活。为了恢复自己曾经享受过的生活以及满足自己更高的奢望，往往更容易被外面的花花世界诱惑。要知道，人的思想是不会一成不变的，像戏曲中颂扬的宰相之女王宝钏苦守寒窑18年，等待其夫薛仁贵荣归故里的故事在现实社会少之又少。更何况从小富养的女孩极有可能成为一个骄蛮跋扈的女人。

专家提示

不管是“穷养”还是“富养”，柏拉图的《理想国》早就讨论过：过度富裕导致贪婪，诱使人放弃精神追求；过度贫困则使人被基本的生存问题所束缚，根本没有精神追求之条件。

三、“男孩穷养、女孩富养”的教育理念忽视了现实社会男女的平等社会地位和所担负的同样的社会责任

有人提出：“女孩儿要富养，就是要注意培养她的优越感，因为优越感是女孩拥有自信和好的气质的基础。首先要让她学会自重和自爱；要教会她善良和关爱，因为善良和关爱是女人最伟大也是最美的品质；要去塑造好的气质，因为女人的美不能只依靠外表；不能忽视女孩获取知识和培养综合素质，因为女孩可以不立业，但是不能没有知识。”提出这个观点实际上就是将女人作为附属品依附在男人身上，也是旧社会“女子无才便是德”的翻版。

在我国现实社会中，提倡的是男女平等，从小给孩子的教育，无论是男孩还是女孩，其家长都希望他们的子女在将来的工作中作出杰出的成就，成为一个对社会有用之人。

鉴于我国这种特殊的国情，大多数独生女的家长，对女儿的成长同样寄托无限的希望，他们不但希望把自己的女儿培养成为温柔可人的淑女，更期望她们坚强独立，将来能事业有成，展现自己的领导才能，成为一名兼具外在美与内在美的气质、与男人一样担负起各项社会工作的优秀管理人才。女孩同样也承担着继嗣、给父母养老、带给父母欢乐和成就感的责

任。在这些家庭重男轻女减弱，女孩同男孩一样享受着各种教育资源。在这种教育之下，女孩的自尊、自信随着自我价值和责任、压力的提升而不断强化，力争学业成功成为她们及其家庭的主要奋斗目标。“巾帼不让须眉”在我们这个时代层出不穷。

专家提示

虽然男孩与女孩子在先天生理上有一定的差异，但是其各项能力的发展以及能力上的差异主要还是与生活环境和社会习俗有密切的关系。即使由于先天一些生理上的差异造成能力上各有不同，在社会分工的定位上都会各有其位。

在这种教育形势之下，我国的一些教育工作者惊呼“男孩危机”，因为他们发现女孩子无论是在小学、中学还是大学，在学习成绩上、当干部人数上、升学率上以及获取奖学金方面，男孩已经没有了以往的优势。

《新民周刊》2012年7月13日刊登的一篇文章认为：“要求男孩具备阳刚气、女孩要有温柔心是因循刻板的性别角色意识，强调男孩更需要运动、实践和体验，而女孩更需要文学、阅读和审美也缺乏依据。随着女性越来越多地走向社会，和男子一样在公共领域拼搏、奋进，男子也越来越多地参与家务劳动和子女抚育，并被证明他们同样具有抚育性和关怀天性。加上信息社会、和平时代对强悍、勇猛气质的期待弱化，纤弱、柔顺也不再是社会所青睐的女性特质。”

同样，旅美学者薛涌在他写的文章中也谈道：“如今在美国，女性劳动力的数量在2009年就赶上了男性，妻子们对家庭收入的贡献从1970年的不到6%猛升到当今的42.2%。如果考虑到仍然有大量家庭妇女的存在的话，这意味着双职工家庭夫妻拿回家的工资单大致相当。更重要的是，

女性在职场的崛起愈演愈烈。美国15个发展最迅速的行业中，有12个被女性主宰……在韩国这样保守的社会，女强人也成为时尚。”

所以，“男孩穷养、女孩富养”的教育理念是封建思想的育儿观，在当前的时代应该坚决摒弃。

隔代教育也能教出好孩子

简单地认为隔代教育对幼儿的个性发展会有负面影响是不正确的，隔代教育也能教出好孩子。

在中国，由于固有的传统观念，再加上现在年轻人工作紧张，面临着生活和工作的双重压力，所以他们有了孩子往往是交给家里的长辈来照看。尤其是广大农村妇女，随着农村城镇化，不少年轻妈妈也都进城打工，孩子就会被留在农村由老人抚养、照看，形成了我国当前社会抚育婴儿的特殊模式。

一、隔代教育的长与短

我认为就中国国情来说，家里老人替儿女照看第三代是一个不错的选择，既可以让老人享受天伦之乐，又可为儿女分忧解难，何尝不是一件双方都获利的好事。而且，老人照顾孙辈有他们独特的优点：

●祖父母（外祖父母）与孩子有血缘关系，所以他们对孩子的爱绝对不亚于父母。

●丰富的生活经验和育儿经验使得这些老年人在照顾孩子方面可能更优于年轻的爸爸妈妈们。

● 年轻人因为工作紧张而疏于和孩子沟通，不能及时发现孩子出现的问题，而祖辈人因为时间宽裕，比起年轻人更能及时发现孩子出现的一些问题，更能很好地与孩子进行沟通和交流，因此，由老人带大的孩子遇到一些事情往往情绪比较稳定，产生波动的比较少。

但是老年人思想，往往趋于保守，而且由于年龄关系，一般行动比较迟缓，他们希望自己带的孩子安静、乖巧、循规蹈矩，不利于孩子活泼的天性的发展和创新思维的发展。另外，个别老年人溺爱孩子，造成孩子独立性差，过分依赖家长，不利于孩子将来更好地适应社会。老年人旧有的一些育儿方法与现代的科学育儿观念格格不入，一些老人依仗自己是长辈人比较固执己见、一意孤行，常常与自己的子女（尤其是与女婿、儿媳妇）产生矛盾和冲突，这也是一些年轻人不愿意让老人帮助带孩子的缘故。

同时我们也要清楚地看到，时代在进步，许多老人也都与时俱进。我在全国各地做早期教育的讲座时，听众中不少是爷爷奶奶、外公外婆，他们都在认真地学习新的育儿知识，而且还能根据自己丰富的育儿经验及时发现一些问题，能够将新学到的育儿知识运用到实践中去。我认为老年人的价值观念、生活方式可能对孩子的教育更有好处。在知识结构和教育方式上不管年轻人或者老人都会存在一些问题，因此简单地认为隔代教育对幼儿的个性发展会有负面影响是不正确的。

当然，我的女儿、女婿不会有这种想法，因为他们的妈妈教育理念还是很前卫的，而且还是这方面的专家。在这一点上，他们非常乐意向我学习，因为有这样的妈妈帮助他们照看孩子，他们会很放心的。

二、隔代教育需要注意的问题

在养育外孙子的过程中，我一直认为我只是帮忙，起辅助作用，养育孩子主要的责任在女儿和女婿身上。虽然当我和女儿、女婿在养育孩子过程中有分歧的时候，一般都是他们服从我的意见，但是我也仔细掂量自己做得对不对，干预得是不是多了。现在年轻人有很多新潮的想法，自己也要与时俱进。当然，祖孙三代在一起生活肯定也会有磕磕碰碰的时候，尤其是育儿问题上的一些分歧、生活中的琐事等，要做到大事化小、小事化了，当然原则问题不能让步。

但是我们也不能不看到，不少年轻的父母自己本身就是独生子女，独立生活能力比较差，更没有能力独自照顾孩子；极少数的爸爸妈妈还没有做好当父母的准备就有了自己的孩子，自己还是一个长不大的孩子，还没有过够二人世界的生活，于是高兴时把孩子带来玩玩，不高兴时甩手将孩子交给祖辈人，自己落得一身轻松。而隔代人更乐于带孙辈孩子，既可以满足自己精神上的需求，还可以享受天伦之乐。孩子和父母之间亲子依恋关系的纽带是孩子一生心理健康和智力发育的基础，如果父母在此问题上处理不当，这些孩子依恋的对象往往不是父母而是他人，对自己的父母虽然不厌恶与拒绝，但是表现得比较冷淡或者回避。而且，一旦对隔代人形成了亲密依恋关系，就具有了相当的稳定性，以后父母将难以取代，这种亲子之间的隔阂可能一辈子都很难消除。这样的例子比比皆是，例如《青春之歌》的作者杨沫和她的儿子《血色黄昏》的作者老鬼，最近去世的国学大师季羡林和他的儿子季承。

专家提示

如果父母确实由于各种原因不能自己亲自养育孩子，必须交给祖辈来照料的话，那么作为父母应该尽量密切关注自己孩子的成长、发展和变化。父母和祖辈人在对待孩子的教育上要尽量做到协调一致，共同来分担养育孩子的责任。

父母不管工作多忙，既然有了自己的后代，就应该自觉地背负起这个重任，让孩子健康、快乐地成长。每天尽量抽出1～2个小时与孩子在一起玩耍和沟通，因为亲子依恋关系有着鲜明的生存适应性，在父母的积极应答中孩子才能建立起依恋安全感。父母与孩子在一起的时候要教导孩子不要忘记祖辈带他的辛苦，要教会孩子感恩于祖辈人，同时自己也要作出表率来。祖辈人也要时时刻刻向孩子说明爸爸妈妈是最爱宝宝的，不时将孩子父母的电话、相片、录像让孩子经常听或者经常看，告诉孩子这是爸爸妈妈的声音，这是爸爸妈妈的照片，电视里面的人就是爸爸妈妈……只有这样孩子才能与父母很好地建立亲子依恋关系。

有的家长（父母或者隔代人）很爱问孩子最爱谁，这个问题很难让孩子回答，即使大人回答这个问题也是要费一番心思的。如果孩子凭自己的感受说出喜欢其中的一个人，可能另一个人就会不高兴，而且还会遭到谴责，事实也是如此。如果让孩子违心地说也喜欢另一个人，实际上就是让孩子学习说假话，这样容易让孩子养成说假话的习惯。孩子就会认为说假话不但不被批评，而且还会得到表扬甚至奖励。这就是在孩子幼小的心灵中埋下了一颗不诚实的种子。实际上，这么大的孩子不会全面理解大人的心思，也就是说，孩子不会站在别人的立场上去考虑问题，他只是凭感性的认识去看问题和分析问题，家长在这个时候应该正确引导孩子。

专家提示

千万不要把婆媳之间的恩怨、翁婿之间的不满在日常生活中灌输给孩子，否则最后两败俱伤，害了自己的孩子。

首先家长不应该提出这个问题，因为这个问题往往会使大人和孩子都陷入一个尴尬的境界。如果孩子碰到这样的问题也不要回避，关键是怎样引导孩子去回答这样的问题。例如奶奶问：

“奶奶、妈妈，你喜欢谁呀？”

其实孩子的判断往往是因为这个人经常能够满足孩子的要求，他就喜欢谁；而另一个人可能是从另一个不被孩子发现的角度上去关心孩子，孩子就可能认为不喜欢他。孩子的思维就是这样简单，这是婴幼儿时期的思维特点所决定的。

这时妈妈就可以跟孩子说：“其实爷爷奶奶都喜欢宝宝，爷爷经常带着宝宝去公园玩，而且也喜欢给宝宝买玩具，和宝宝一块玩，宝宝当然喜欢爷爷了。但是奶奶因为腿脚走道不方便虽然不能带宝宝去外面玩，可是奶奶在家中给你做这么多好吃的，让你一回家就吃上这么多好吃的，你说奶奶好不好？宝宝是不是应该好好感谢奶奶！去亲亲奶奶！宝宝长大以后要好好孝顺爷爷奶奶。”

奶奶也要对孩子说：“妈妈工作很忙，没有工夫天天回家看宝宝，但是妈妈每次打电话都要问宝宝好不好，给你买书，休息日带宝宝去玩，是不是妈妈也爱宝宝呀？”

通过引导孩子去发现别人的优点，也是提高孩子情商的一个好机会。这样处理的结果是孩子、大人皆大欢喜，而且还让孩子学会全面看问题，提高了孩子的社交能力，给了孩子一个感恩教育的好机会。

专家提示

总的来说，还是由父母照料孩子最为合适，更加自然。无论对于多么好的祖辈人来说，都不要越俎代庖，自己要甘当幕后英雄。

不要与孩子的父母去争夺孩子的爱！你要是爱你的儿子或者女儿（如果我要是提儿媳或者女婿，可能不太现实，是吧），为他们一辈子的幸福着想，就不要表现得太自私。把孙辈当成自己的私有财产，或者当成手中的利器，去要挟儿媳或者女婿，到头来只能毁了孩子的一生。因为安全的母婴依恋关系对于孩子将来的人格完善起着重要的作用，可以促进孩子的社会性发展，帮助孩子建立良好的人际关系，使孩子更能适应未来的社会；而且可以促进孩子的认知、智能和创造性的最大发展，最终成为积极要求进取、能够胜任自己工作的聪颖、有用之才。

挫折教育是独二代的必修课

对婴幼儿进行挫折教育，逐步提高其对挫折的承受能力，有利于培养婴幼儿良好的心理素质和品行，为将来更好地适应社会打下良好的基础。

我国执行计划生育近三十年，大多数家庭都是一个独生子女，由于家长过分溺爱，造就一些独一代不懂得珍惜眼前的一切，不懂得奋斗，更不懂得同情和感恩。他们喜欢物质享受，理所应当地享受着别人给予他们的爱，以“自我”为中心，任性、责任心不强、独立生活能力差。

现在这些独生子女也开始有了自己的子女——独二代。独二代有着比独一代更加优越的物质条件和更加细致周到的呵护，因此如何教育好独二代，避免独二代重蹈独一代的问题，将其培养成全面素质综合发展的有用之才，其中挫折教育是必需的，也是绝对不可少的。

一、挫折是什么

挫折是指人类个体从事有目的的活动中遇到障碍或干扰，使其需要得不到满足、动机不能实现时产生的一种情绪反应。

挫折包含三方面内容：首先是自己的需求或者行动的目的受到了干扰

或者障碍（就是挫折）；其次，对于发生的干扰或者障碍需要给以分析和评价；最后，根据对挫折的分析和评价决定自己采取的情绪状态和行为反应。从中我们可以看出，对于挫折能否正确分析、评价是决定一个人抗挫能力强弱的关键。挫折本来就是生活组成的一部分，同时也是人生中的宝贵财富。挫折并不可怕，可怕的是失去追求的目标和坚忍不拔的毅力。如果一个人能够正确地分析和评价所遇到的挫折，如果我们把这个结果看作是反馈而不是失败，就会产生一种积极的心态，就会增强我们继续前进的勇气。托马斯·爱迪生曾经说过这样一句名言：不是失败了一千次，而是证明了一千种材料不适合做灯丝！再加上从小经过训练的抗挫能力，就会变挫折为动力，披荆斩棘，所向披靡。胜利永远属于那些不畏艰险、勇于攀登、有着坚忍不拔毅力的人。

二、高 AQ 是事业成功的三大因素之一

在日常生活、学习或工作中，面对同样的挫折情境（逆境），每个人的反应是不同的。引起某一个人挫折的情境不一定是引起其他人挫折的情境；不同的挫折对同一个人来说，也会表现出不同的情绪状态，其主要原因是由于人的挫折容忍力不同。所谓挫折容忍力，就是经得起挫折的能力。

心理学家认为，当面对逆境或挫折时，不同的人对待逆境或挫折产生不同的反应，这种反应的能力就叫逆境商（又称挫折商），简称 AQ。

在智商和情商相差不多的情况下，逆境商对一个人的人格完善和事业成功起着决定的作用。高 AQ 的人在面对逆境或挫折时，能始终保持上进心，从不退缩，他们会把逆境或挫折当作激励自己前进的推动力，把每一次失败都看作是新的起点，能够激发最大的潜能。万里关山从头越，千里

江水奔流急，只要坚持不懈，就一定能达到胜利的彼岸。低 AQ 的人视困难如泰山压顶，只能灰心丧气、一事无成。

专家提示

一个人事业成功必须具备三个成功的因素，即高智商、高情商、高逆境商。高智商的人并不意味着事业成功，智商平平，却因为有高情商、高逆境商的人反而容易事业有成。而高 AQ 是需要从小接受挫折教育获得的。

三、衡量和决定挫折商的四项指标

1. 控制，在多大程度上你能控制挫折的局面

控制能力来自控制感，而控制感主要来自潜意识。面对重大的挫折，高挫折商的人总相信自己能够控制局面，而且当别人认为大势已去的情况下，自己仍然能够从众多消极因素中看到积极的方面，而且从不言败，相信自己一定能够获得成功；而控制感低的人认为大势已去，虽然自己仍然有很多的优势或者有利的条件，但是仍然退却。

2. 归因，挫折产生了就要分析挫折产生的原因

造成我们陷入逆境的起因大致可以分成两类：第一类属内因，因为自己的疏忽、无能、未尽全力，抑或宿命论，往往表现为过度自责、意志消沉、自怨自艾、自暴自弃；第二类属外因，合作伙伴配合不利，时机尚未成熟，或者外界不可抗力。

高挫折商的人会主动承担挫折责任，并相信自己一定会改善这种局面

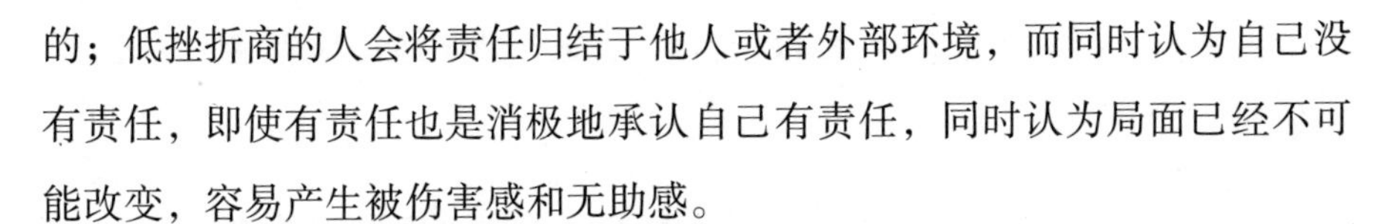

的；低挫折商的人会将责任归结于他人或者外部环境，而同时认为自己没有责任，即使有责任也是消极地承认自己有责任，同时认为局面已经不可能改变，容易产生被伤害感和无助感。

3. 延伸，即会不会将一个挫折的恶果主动延伸到其他领域里

高挫折商的人不会将挫折泛化，而是将挫折主动控制在一个范围内，因为他们认为这只是所有挫折中的一个单纯挫折事件；低挫折商的人遇到挫折后容易感到天塌地陷，将挫折的不良情绪带到生活和工作中的各个方面，甚至会全面否定自己的一切。

4. 耐力，逆境会持续多久

高挫折商的人会认为挫折只是暂时的现象，认为忍耐只是黎明前的黑暗，一切都会因自己的努力而好起来的。因而保持乐观的精神、充足的干劲，并采取积极的行动。低挫折商的人即使在特别有利的条件下，更多看到的是消极的一面，因此认为无论如何努力都不会成功的，由于过分担忧，而放弃努力。

四、什么是婴幼儿的挫折教育

婴幼儿的挫折教育是指在科学的教育思想指导下，根据婴幼儿身心发展的特点，提出符合年龄的要求或任务，创设一种适宜的挫折情境和困难，激励婴幼儿想方设法去克服困难，以满足自己的需求或者完成教育者所给予的任务。

“自古雄才多磨难，从来纨绔少伟男”。对挫折的承受能力不是天生就具有的，也不是后天自然形成的，它是以婴幼儿自我意识发展为前提，随着意志的发生和发展、知识经验的不断积累和思维能力的不断提高而获得的。对婴幼儿进行挫折教育，逐步提高其对挫折的承受能力，有利

于培养婴幼儿良好的心理素质和品行，为将来更好地适应社会打下良好的基础。

专家提示

婴幼儿面临的挫折主要是来自成人给予的挫折；与小朋友在一起时小朋友给予的挫折；玩具和物品的挫折以及自身发展过程中遇到的挫折。

五、如何对婴幼儿进行挫折教育

挫折教育从孩子出生就要开始。根据不同年龄段身心发展的特点，应当允许他们有权控制自己的活动，让他们觉得自己是生活的主宰，让他们高高兴兴地去做。不要怕孩子因受挫而放弃坚持。通过设计的各种方式进行挫折教育，达到我们培养的目的。

1. 让孩子从小学会等待

当孩子7~8个月时，当他有一定需求时，我们就要让孩子学会等待，例如给孩子吃奶时，告诉孩子奶凉了才能吃。孩子学习精细动作时，给孩子一块包糖纸的糖，告诉孩子自己剥开糖纸才能吃到糖。带孩子去商店买东西或排队上汽车，告诉孩子必须遵守规则排队才能达到自己的要求。学会等待，是我们对付逆境的一大能力。

2. 鼓励孩子学会生活自理，掌握该年龄段应该学会的生活技能

开始家长帮助，以后鼓励孩子自己动手、动脑，通过反复尝试，孩子经历了从不会到会的过程，掌握了自我服务的本领，获得了满足和自信。

例如，教会孩子自己拿杯子喝水、拿勺吃饭、穿衣、穿鞋、系鞋带等。当孩子掌握了某一项生活技能时，对他来说都是一次很好的挫折训练。因此家长应该放开手，只要是孩子力所能及的事就要让他自己去做，即使衣服穿得一塌糊涂，饭粒撒得到处都是，让孩子在不断尝试过程中，学会克服困难，达到目的。

3. 让孩子从小学会做事善始善终

无论孩子做任何一件事，必须要善始善终。如果是玩玩具，那么过后就一定要分类放回原处，不能有任何理由不去做。如果有的事情孩子独立完成有困难，家长可以和孩子一起做。当孩子克服困难完成了，一定要给予表扬，来巩固这种行为，形成好习惯。

4. 让孩子从小学会言必信、信必果

当孩子小的时候，大人做事或答应孩子的事，一定要信守诺言。当孩子 3 ~ 4 岁时除了家长要做出诚信的榜样外，也要教育孩子应该信守承诺。凡是答应小朋友的事，不管遇到什么问题，也要履行承诺。但是由于孩子的思维的局限性，家长也要适当地提醒和协助孩子。

5. 让孩子学会保持愉快乐观的情绪

让孩子保持每天都有好心情，除了给予孩子的爱以外，还需要适当地让孩子吃一些苦，当孩子违反了制定的规矩，还应该有适当的惩罚手段，不能使孩子养成任性、自私、怕苦、怕累、不遵守纪律和只允许表扬不允许批评的坏习惯（实际上这也是一种挫折训练）。还要鼓励孩子讲出每天、每件事的感受，对于积极的情感给予赞扬，对于消极的东西给予疏导。让孩子保持终日的好心情有助于他的身心发展。

6. 让孩子从你的态度中建立自信

鼓励孩子学会处理自己的事情。经常交给孩子一些完成有一定困难的任务，给予孩子充分的信任，即使做坏了或者造成一定损失，我们也应该鼓励孩子，积极帮助孩子找出问题所在，再重新开始。告诉孩子：你一定能成！家长的信任，孩子的自信，就一定能够完成家长交给的任务。

7. 不要轻易满足孩子的要求

当认为孩子确实是需要的，那么就要给孩子提出，要想得到这个东西，就必须要自己付出。只有经过自己努力获得的东西才是最好的，也是孩子最珍惜的东西。例如，对于2～3岁的孩子要求家长买一个他喜欢的玩具，告诉孩子要想获得这个玩具，必须每天饭前帮助妈妈摆筷子，如果做到了星期天就带他去买玩具。

8. 鼓励孩子的进取心

我们交给孩子任何一项任务，不但希望孩子能够完成，而且能够有所创造，不要满足于取得的成绩。因此向孩子交代任务时也要诚恳地说："妈妈希望你比别的孩子做得更好（或比你从前做得更好）。"例如："你今天用积木搭的小房子非常漂亮，可惜被小朋友玩倒塌了，还能搭一个比这个更漂亮的吗？让小朋友也学学！"

9. 玩具和物品是挫折教育的好工具

玩具是孩子的好伙伴。由于婴幼儿大动作或精细动作发展还不成熟，可能在玩一些比较难的玩具时不能随心所欲，难免会遭受挫折，家长需要鼓励孩子并给予一定的引导，通过孩子自己亲手操作，学会操作和掌握玩具使用的技巧。感受到完全掌控玩具的喜悦，孩子会更乐意去尝试掌握难度更大的玩具。但是家长也要注意，不能选择过于复杂的玩具让孩子去掌握，他们感到无从下手，就会失去兴趣而放弃或者依赖家长来完成，这不是我们的初衷。

10. 通过游戏与同伴交往，学会处理交往过程中产生的挫折

游戏是孩子的工作。随着孩子年龄的增长，一般两岁半以后孩子就开始喜欢并期望与同伴进行交往。但是由于现在的独生子女在家里总是处于

被照顾的地位，一旦与小朋友进行交往，由于缺乏交往的技巧，往往会遭到粗暴的对待和拒绝，甚至拳脚相加，因此让他们感到失望和畏惧而惧怕与人交往。家长应该指导孩子与小朋友玩合作的游戏，通过游戏帮助孩子了解和分析遭受小朋友拒绝的原因，教会孩子进行交往的技巧，鼓励孩子再次与小朋友玩合作游戏，在游戏过程中，注意引导孩子与小朋友合作、克服粗暴或者懦弱的行为，这样就会有越来越多的小朋友愿意与他玩，使孩子从小建立良好的人际关系。

有的孩子体弱多病，不能胜任同龄孩子所能做到的事情，因此使孩子对许多活动望而却步，而产生一种挫折感，这种情感会伴随孩子的成长而认为自己无能产生畏惧、回避和自卑的情感。因此，家长不但要帮助孩子增强自身体质，还要鼓励孩子去完成力所能及的事情，克服因体弱带来的困难，让孩子感到自己有能力去克服一切困难，从而树立自信心和积极向上的乐观态度。

六、挫折教育是一把双刃剑

挫折教育是一把双刃剑，运用得当是孩子终生受用不尽的财富，运用不当也会毁掉孩子的一生。

如果教育者根据孩子的身心发展特点，设定适宜的任务和逆境难度，在实施过程中即使是失败了或者造成了一定的损失，也表现出对孩子充分的信任，鼓励和引导孩子想出各种办法克服困难，通过孩子不懈的努力，战胜困难，完成了任务，在享受胜利成果的喜悦中，必定会信心大增，其责任心和抗挫能力也会获得提高。这样的挫折教育经历是孩子终生受用不尽的财富。

挫折教育如果运用不当也会毁掉孩子的一生，例如，给孩子提出的任务或者平时流露出对孩子的期望值过高，设计的挫折情境远远超过孩子所能承受的能力，当孩子遭遇失败或者达不到设定的期望值时，教育者不但没有给予及时的鼓励和引导，反而是讽刺和挖苦，使孩子看不到光明和希望，经常处于一种失败受挫的状态中，就会产生自责、自卑、懦弱、紧张焦虑的情绪状态，甚至还会以攻击、破坏等消极的行为方式来发泄对受挫的不满。这种情绪长久发展下去势必造就孩子的人格缺陷，很难融入到现实社会中去。

当然，如果设定的任务和挫折情境不需要做太多的努力就能轻易地完成，由于成功来得太容易，孩子就不会珍惜，也不会积累成功的经验，体会不到胜利的喜悦，更谈不上抗挫能力的提高，这样的挫折教育就不是真正的挫折教育。

七、挫折教育中的一些误区

挫折教育是一项长期的、艰巨而细致的工程，绝不是一朝一夕就能完成的。生活中每时每刻都存在着挫折教育的契机，只要家长对挫折教育有正确的认识就能够随时随地进行挫折教育。

目前一些家长对于挫折教育理解不正确，因此产生了一些误区：

1. 挫折教育就是吃苦教育

一些家长片面地理解挫折教育就是吃苦教育。因为现在的孩子多生活在优越的物质环境中，没有受过什么苦难，因此就应该让孩子多吃苦，多经受一些磨难，不能满足他们提出的任何需求。我们说让孩子吃一些苦，肌肤经受一些磨炼，确实是挫折教育中的一部分，但不是全部。尤其对于婴幼儿来说，正处在生长发育迅速发展的阶段，生理和心理都不成熟，合理的营养和家庭与他人的关爱是婴幼儿生长发育不可缺少的营养素，在人

生打基础的时候，如果让孩子吃苦不当，感受不到亲人的爱，正常的需求不能获得满足，这样会严重地挫伤孩子的自尊心和积极性，进而严重地损害孩子的身心健康。

2. 挫折教育就是批评教育

有的家长认为，现在的孩子处在一个听惯了表扬、容不得批评的环境中，因此就需要多加批评、少表扬，不能让孩子处处得意。这样做的话，孩子就会认为无论做任何事情、无论怎样努力去做都要受到批评，从而不能正确评价自己。尤其是婴幼儿，往往是依靠家长的评价来认识自己。这样，孩子在挫折面前不仅不能找出自己的闪光点，焕发内在斗志，从此可能一蹶不振消沉下去，或表现出无所谓的玩世不恭态度，其结果只会让孩子失去尊严和自信。如果婴幼儿长期处于对批评诚惶诚恐的不安全情境中，这种情感将很难消除，最终只能成为一个不敢、也不会与外界打交道的无能的人。

3. 期望值过高、只允许成功不允许失败

很多年轻的父母把孩子作为实现自己人生愿望的工具，因此对孩子的期望值过高，尤其是目前国内的应试教育，更加促使家长的攀比心理节节上升。人家孩子学习弹钢琴，我家孩子也必须学会弹钢琴；人家孩子不会的技能，我家孩子要学会。因此严格要求，只允许成功、不允许失败。殊不知，每个孩子的各方面发展都存在着不同差异，不可能时时处处都得“第一”。过高的期望值无形中增加了孩子的心理压力，到头来很可能精神崩毁，走向极端。

4. 包办代替，不允许孩子有个人喜好

婴幼儿随着生长发育迅速成为一个有自主性、有个人兴趣、会玩耍的独立个体。随着自我意识的发展，他们开始不大接受大人的控制，他们要表现自己，努力去做他们想要做的事情，在大人看来有些“固执”和“任性”，但有时由于婴幼儿身心发展的限制，往往会做错了事而遭受失败。因此家长对此往往加以阻拦，或者以自己的意愿来包办代替，不允许孩子有自己的喜好，限制孩子的活动；按照自己的意愿规划好孩子的一切，不需要孩子的任何努力，其结果逐渐形成孩子对大人完全依赖或者在任何事情上都会遭到孩子的对抗，严重地挫伤了婴幼儿的自尊心和独立意识。

八、挫折教育需要注意的事项

• 设计的任务和情境适度、适量，符合相应年龄段孩子身心发展的特点和兴趣。

• 在实施挫折教育的过程中，对孩子要有正确的评价。在训练过程中，多点儿鼓励少点儿批评，及时肯定孩子的进步，以增强孩子战胜困难的信心。面对胜利，除了给予适度的表扬外，还要鼓励孩子找出自己不足的地方；面对失败要帮助孩子学会分析找出原因来，让孩子看到有希望的一面，重新开始，真正做到胜不骄、败不馁。

• 在挫折教育中，孩子是接受教育的主角，只有激发孩子内在的潜能，才能完成训练的任务，而不是越俎代庖、指手画脚、横加干预。

• 鼓励孩子与同伴合作，教会孩子善于采纳别人的好建议，修正自己的错误，在与同伴共同努力的过程中，学会团结互助，正确认识自己和别人，更好地提高社会交往能力。

• 家长是对孩子进行挫折教育的第一任老师。家长是否每一天都能保持积极乐观向上的态度对待生活，都能勇于面对逆境和困难，无论发生多大的困难都能想尽各种办法去克服，这是对孩子最好的挫折教育，因为潜移默化是教育的最高境界。如果当孩子遇到一些困难，家长表现得比孩子还紧张焦虑、怨天尤人，这种情绪就会不知不觉地影响到孩子，造成孩子异常敏感，不敢去面对困难，不敢去尝试失败。

平时注意这样的训练，就能培养出高 AQ 的孩子，使得他们能够在困难面前，有着一股坚忍的意志，能够最大限度地发挥自己的潜能。我相信，将来他们的世界会更美好！

附　录

本书参考：

金汉珍、黄德珉、官希吉主编：《实用新生儿学》，第3版。

胡亚美、江载芳主编：《诸福棠实用儿科学》，第7版。

世界卫生组织和联合国儿童基金会合编：《母乳喂养咨询培训教程》。

王兴国著：《八大平衡决定健康》。

中国营养学会编著：《中国居民膳食营养素参考摄入量》。

中国营养学会编著：《中国居民膳食指南》，2011年版。

尹文刚著：《大脑潜能——脑开发的原理和操作》。

方刚著：《性别心理学》。

孙云晓、李文道、赵霞编著：《拯救男孩》。

（澳）比达尔夫著：《养育男孩》。

［美］琳达·索娜：《婴幼儿早期大小便训练》。

孟昭兰著：《婴儿心理学》。

陈帼眉著：《学前心理学》。

沈晓明、金星明著：《发育和行为儿科学》。

［美］威廉·西尔斯、玛莎·西尔斯、罗伯特·西尔斯、詹姆斯·西尔斯：《西尔斯亲密育儿百科》。

［美］马克·维斯布朗著：《婴幼儿睡眠圣经》。

［美］斯蒂文·谢尔弗主编：《美国儿科学会育儿百科》，第五版。

［美］本杰明·斯波克著，罗伯特·尼德尔曼修订：《斯波克育儿经》，第八版。